108 課綱科技素養

我的第一本元宇宙指南

金相均、吳丁錫—文　趙丙玉—圖

黃莞婷—譯

三民書局

目　次

03 向**元宇宙**世界 Go Go！生命記錄元宇宙

04 向**元宇宙**世界 Go Go！鏡像世界

05 向**元宇宙**世界 Go Go！虛擬世界

06 對大家一起生活的**元宇宙**，我們應有的態度

新世界已經存在，元宇宙

　　現在每個小學生人手一機，那麼智慧型手機究竟是什麼時候發明的，又是什麼時候普及的呢？大家可能覺得智慧型手機很久以前就發明了吧？但其實它不過是十多年前的發明，也就是二〇一〇年代初期。相較於人類的發展與地球環境的變化，科學技術的發展速度快到無法用言語形容。有人說，過去十年的科技進步趕不上未來一年內的進步。這麼想想，過去的手機原本只有單純的通話功能，如今隨著網路的進步，手機也兼具了電腦的功能，這種說法似乎也沒有錯吧？

　　科技的進步讓我們的生活產生很大的改變，不過幾年前，我們每天去上學、面對面討論，或是實體聚會，都是很平凡的日常，但因為新冠病毒的關係，過去覺得稀鬆平常的事反而變得特別。「無接觸」新時代到來了。「無接觸」(Untact) 是一個新造詞，是在原本的「接觸」(Contact) 字首加上否定詞「Un」而來的。可是，大家知道嗎？無接觸時代早在新冠疫情發生之前就隨著科技的進步來了。我們用智慧型手機看 YouTube，利用 IG 和 Twitter 等社群工具交換資訊，還有上補習班的線上課程，這些都屬於「無接觸」的範圍。我們老早就活在無接

觸時代了。

　　無接觸時代從新冠時代正式拉開帷幕，而元宇宙就像哥倫布的新大陸。在十五世紀哥倫布發現新大陸之前，新大陸早就存在了。同樣的道理，元宇宙似乎是新創造出來的世界，但其實它就是無接觸時代的延伸。我們尋找元宇宙世界的過程就像尋寶遊戲一樣，尋找一個早就存在的世界。如今，元宇宙已經超越 3D[1]，擴展到 4D[2]，變得更生動、具體。就像這樣，科技的快速發展正在開創一個全新的時代。

　　來吧！在早已存在卻有待開拓的元宇宙世界裡，我們會學到什麼？又會有什麼成長與變化？大家一起展開想像的翅膀，踏上探索之旅吧！

1：由長、寬、高組成的空間。

2：除了長、寬、高以外，還多了一個維度，大多是時間。

01

像魔法一樣的世界
元宇宙的真面目

新世界，元宇宙的誕生

在京一臉嚴肅地走在放學回家路上，他沒有看路，時而露出惋惜神色，時而陶醉於勝利的情緒。從遠處看，會覺得他是不是精神失常了，但走近一看——啊哈！原來他在邊走邊玩手機遊戲。不用多說，他的耳朵上戴著 Airpod。在京眼前看見的景色與耳朵聽見的聲音都來自遊戲世界。在京雖然跟我們站在同一塊土地上，卻像活在另一個世界裡。

有輛轎車被在京擋住去路，司機忍不住按了喇叭，可是，沉溺在遊戲世界的在京完全沒有聽見。「啊！」前方騎來的腳踏車騎士差點沒閃過在京，撞上電線杆。可是，在京還是沉迷在遊戲世界裡。走過巷子的瞬間，他撞上了一個走出巷子的小朋友，小朋友「啊！」地叫了一聲，在京總算抬起了頭。轎車司機、腳踏車騎士跟小朋友不約而同地看著站在路中間的在京。「有什麼事嗎？」在京覺得莫名其妙，直覺卻告訴他，問題好像出在自己身上。

大家有沒有跟在京一樣的經驗呢？最近大家走在路上都不抬頭看路，大部分的青少年都跟在京一樣當低頭族，邊走邊用手機

聊天、玩遊戲、看影片。不管是坐著或站著，大家都低著頭，但不是在睡覺，而是在滑手機。我們的身體雖然在捷運裡，全副精神卻貫注到各自的手機世界中。

讀小學的時候，總要大人三催四請才心不甘情不願寫好暑假日記，現在不用人叫，每個人都在社群網站上記錄生活，不用圖畫，改用照片記錄吃了什麼東西、跟誰見了面、今天心情怎樣等等，一切都在網路世界。

我們的身體還在現實世界中，生活卻逐漸搬入數位世界。人們為什麼一定要活在網路世界呢？好像是因為我們需要一些新玩意。現在人類正在建造「數位地球」——一個彌補實際地球的不足之處，涵蓋智慧型手機、電腦與網路等數位媒體的新世界。從今以後，我們腳踏的地球叫做「類比[1]地球」，而擁有網路世界的元宇宙就稱為「數位地球」。

1：指連續的訊號，例如可以漸漸變大聲的人聲、漸漸變熱的溫度。類比訊號加工後，則可以變成 0 與 1 兩種不連續的數位訊號使用於電子產品。

元宇宙，揭穿你的真面目

　　早上八點，小四生宇宙被智慧型手機叫醒。宇宙訂閱的 YouTube 頻道「我獨自生活」通知他有新影片上傳。宇宙也回覆了女朋友楚瓏在 IG 上傳的新生活照。為了徹底醒過來，宇宙登入遊戲打算開心地玩一局。玩完遊戲，宇宙才徹底醒過來，這時候，他看見了書桌上的盆栽。好像是媽媽放的吧？味道好好聞。宇宙好奇地用手機搜尋植物的名字。當然，是用應用程式 (APP) 搜尋的。那株植物是叫「迷迭香」的香草。嗯～再聞一次吧！現在該洗臉上學去了！

　　大家一天的行程是怎樣呢？是不是跟宇宙一樣？很多我們無意識中使用的智慧型手機功能，都是元宇宙的一部分。元宇宙是 meta 跟 verse 的合成詞彙。「meta」有著超越與假想的意思，「verse」有著宇宙的意思。元宇宙就是超越現實的虛擬世界。元宇宙的概念第一次出現在一九九二年美國科幻虛擬小說作家尼爾·史蒂文森的小說《潰雪》。最近，因為資訊通訊技術的進步及新冠疫情的關係，人們實體見面的頻率下滑，網路見面次數增加，使得元宇宙逐漸受到關注。

美國科技研究機構「未來加速研究基金會」將元宇宙分成四類：擴增實境、生命記錄、鏡像世界以及虛擬世界。

如果你用智慧型手機上的應用程式抓過寶可夢，或用應用程式搜索過好奇的歌名或原野上的美麗花朵名字，那麼你就體驗過擴增實境元宇宙；如果你上傳過 IG 照，或者愛看《我獨自生活[2]》之類的韓國真人實境綜藝節目，你就享受過生命記錄元宇宙；如果你加入過防彈少年團[3]之類的偶像粉絲俱樂部，在社群裡進行過活動，或是上過遠距教學，又或用過應用程式 Coupang Eats[4] 點過外送，那麼你就體驗過鏡像世界元宇宙；如果你玩過「機器磚塊[5]」或看過史蒂芬·史匹伯執導的電影《一級玩家[6]》，你就知道什麼是虛擬世界元宇宙。

看似第一次聽說的元宇宙，其實早已深入我們的世界，現在它正成為世界經濟中心。正因如此，我們不能再把元宇宙當作遙遠未來的故事！

2：節目內容為記錄藝人一個人生活。台灣比較類似的節目為《全明星觀察中》。

3：韓國男子偶像團體，也被稱為 BTS。

4：韓國的外送應用程式，就像台灣的 Uber Eats 和 Foodpanda。

5：大型多人線上遊戲建立平台，玩家可設計自己的遊戲賺錢。

6：以元宇宙為主題的美國科幻冒險電影。

「沉溺」遊戲的人

　　美麗的克莉歐是永恆王國的女王，她希望美麗永駐。某一天，克莉歐女王看到自己長了白髮跟細小的皺紋，非常生氣，命令侍從尋找長生不老的藥草，還威脅說找不到會殺死他們。

　　這時候，才智過人的臣子拍下克利歐女王最美麗的模樣，並錄下影片。在影片裡，克莉歐女王每天都穿不一樣的華服，化著不同的妝容，被逗得很開心。王宮的鏡子全被拆掉，克莉歐女王只看見自己在照片與影片中的模樣，沉迷於改變畫面中的髮型跟服裝的遊戲裡，到死都只看見自己最美麗的模樣，不知自己早已老去。

　　現實中真的有這樣的故事嗎？這個故事當然是編出來的，但最近我們確實活在這樣的世界。智慧型手機的應用程式功能，就算我們不改變自己的容顏，也能透過擴增實境變得帥氣或美麗。擴增實境是把人類現實的形象與虛擬的形象重疊，展示成一個影像的技術。智慧型手機應用程式「SNOW」使用的就是擴增實境相機。SNOW 能自動辨識人臉，在使用者臉上貼貼紙，進行各種裝飾，並能把各種人物與使用者的臉合成在一起，製作成影片或

照片。

　　現在說智慧型手機是我們身體的一部分並不為過，無論上學、搭公車、搭捷運、和朋友聊天、吃飯，甚至上洗手間時，我們都機不離手，手機彷彿與我們是一體的。那麼，我們都用價值不菲的手機做什麼呢？我們可以通過應用程式商店下載應用程式。根據韓國、美國與歐洲等全球市場的統計數據顯示，人們最常下載的應用程式依序是，遊戲應用程式、社群媒體與影音串流應用程式。也就是說，全世界的人大多拿手機玩遊戲，或玩社群媒體，使用影音串流服務。這些活動對人類有哪些意義呢？

　　自古以來，人類除了狩獵求生之外，還愛玩遊戲。原始時代的洞穴壁畫畫有跳舞或披上動物皮玩耍的原始人，意指人類的歷史、人類的所有活動與交流都和遊戲、玩樂有關。智慧型手機可以說是站著、坐著，甚至睡覺都能玩耍的最好遊戲工具。智慧型手機世界中最棒的遊戲就是元宇宙。在不同類型的元宇宙中，虛擬世界元宇宙是最早出現的，在多樣性與規模方面也是成長速度最快的，線上遊戲就是虛擬世界元宇宙的代表案例。遊戲愛好者用智慧型手機玩線上遊戲，線上遊戲文化也擴展到包括虛擬世界在內的其他元宇宙。

現代社會富庶，因暴食或肥胖致死的人數比餓死的多，病死者的人數又慢慢地超越自然老死的。除了吃東西與追求安全等人類基本慾望之外，人類產生了更高價值的慾望，那就是長生不老與永恆的幸福。因此，人們從總有一天會老、會病、會死的「類比地球」，正湧向能自己創造多樣化元宇宙的「數位地球」。在元宇宙中，人們變成了創世神，設定自己的世界觀、生命體、資源與環境條件等，更與自己創造的人工智能角色一起生活。

在相同的地方懷抱不同的夢想

末順家有四個人，爸爸做生意，媽媽是家庭主婦，二十八歲的姐姐是上班族，末順自己是個小學生。全家人每晚都會一起吃飯，但雖然坐在同張餐桌前，卻很難說是一起吃飯。因為爸爸會用手機看股票，媽媽用手機應用程式放音樂，姐姐一直拍美食照上傳 IG，末順則是跟同學傳訊息聊天。大家身體都在同一處，但不知道為什麼像分散各地。是末順想太多了嗎？

我們以為我們都活在同 個空間、同一個地球上，但說不定這只是錯覺。我們覺得我們在一起的原因，只是因為人在同樣的

地點與同樣的時間。大家的爸爸媽媽聽見大家的想法，或看見大家看的影片，是不是曾經很驚訝「你怎麼會喜歡這個？」相反地，大家應該有時候也無法理解媽媽為什麼會喜歡某些歌，為什麼聽見那些歌就會變成少女粉絲一樣吧。大家不覺得坐在身邊的人卻像來自別的星球一樣嗎？這就是證據，證明雖然我們認為我們活在同一個世界，實際上我們都活在不同的元宇宙。

電話好可怕

尚皓跟朋友玩耍玩到肚子餓，打算叫中餐廳[7]外送炸醬麵跟海鮮湯麵。

「喂，是中餐廳嗎？我想點兩碗炸醬麵跟兩碗海鮮湯麵。」

「好的，請問您要哪一種炸醬麵呢？海鮮湯麵要加辣嗎？還是要原味的呢？」

這家中餐廳老闆老是愛問問題，尚皓慌張地回答：

「呃……炸醬麵……有哪些呢？」

7：韓國的中餐廳會販賣炸醬麵、炒碼麵、糖醋肉等食物，在台灣如果想吃到這些食物，可以到韓國餐廳用餐。

「有炸醬乾麵、原味炸醬麵跟炸醬炒麵。」

「喔……喔……這樣啊……」

尚皓腦海一片空白。

「……不好意思，我想一想，等一下再打……」

尚皓與朋友很怕打電話叫外送，所以決定改用智慧型手機的外送應用程式。

大家講電話的時候覺得怎樣呢？會不會跟尚皓一樣害怕呢？根據韓國就業招聘網站 Job Korea[8]二〇一九年的調查顯示，比大家年紀大的成年人，有一半以上害怕語音通話。這叫「電話恐懼症」。恐懼症的意思就是在不危險的情況下卻有著不必要的害怕。明明只要拿起電話說話就行了，大家在害怕什麼呢？可能是要「馬上」回答對方問的問題，怕自己說錯話。在一定要立刻回答、無法拒絕回答，或是無法有條理地表達自己的想法時，應該會很難受吧；或是怕自己無法正確理解對方的話，造成誤會。所以，人們要聊天的時候，比起語音通話，更愛利用簡訊、社群媒體聊天工具、表情符號、通訊軟體內建投票或線上遊戲來跟人溝通。

舉例來說，人們點外送的時候，更愛用外送應用程式，而不

8：相當於台灣的人力銀行網站，如 104、1111 人力銀行。

是打到店家叫外送。因為如果打電話叫外送的話，店家必須聽得懂我的話，我也要聽得懂店家的話才行。可是，用外送應用程式，不用說話，只要按照應用程式的提示輸入想要的主餐、配餐、飲料、醬汁與外送方式，一樣能點到自己想要的餐點。

元宇宙中的對話方式

元宇宙的對話方式大致分為四種。

第一種是：有人說，有人聽。舉例來說，校長一個人演講，其他人聽，聽的人再透過群組的投票功能或公告欄表達自己的看法，彙整意見，進行交流，或通過會議功能跟其他群組成員溝通，或利用像一對一私聊方式等等。

第二種是：實名對話或匿名對話。我們實際面對面對話時，大多是實名制的，班上同學不可能匿名見面。在路上被人問路時，我們雖然不知道對方的姓名與個資，但因為看得到對方的樣子，也聽得到對方的聲音，所以這不能算是匿名。在元宇宙世界中，我們和人對話的時候，經常是不知道對方的年紀、姓名與性別的匿名對話。在遊戲中遇到的網友都用網名，網友的實際年紀有可

能大很多，或者是外國人。

　　第三種是：時間的流逝是即時或非即時的。現實世界的溝通全都是即時的，也就是說，我和朋友見面聊天時，是即時發問，即時回答，即時的溝通。可是，我們在元宇宙世界的對話經常是非即時的，我們可以立刻確認朋友發的訊息，進行即時對話，也可以晚一點再回。要即時回或稍後回的決定權取決於我。

　　第四種是：表達自己訊息的方式。除了語音通話之外，人們還有很多種溝通方式，像是文字、聊天工具、表情符號、投票、訊息是否公開、狀態欄、聊天室等等。社群媒體上提供的「喜歡」、「不喜歡」、「謝謝」、「我愛你」等表情按鈕代替了溝通，只要按一下按鈕就能輕鬆地傳出親切的訊息。多樣化的溝通方式提高了元宇宙中溝通的質與量。

　　看到這裡，大家是不是更好奇元宇宙了呢？元宇宙能增添現實世界的幻想與便利性，讓我們在數位空間記錄與分享現實世界的模樣與生活，把現實世界搬入數位世界。現在讓我們搭上元宇宙巴士，來一趟元宇宙之旅吧！大家將擁有像遊樂園的雲霄飛車一樣，既可怕又刺激的全新體驗喔。

休息一下——Kakao 宇宙

最近人們和遠方的人聯絡的時候，使用 Kakao Talk[9] 的人比用電話或簡訊的人多，甚至就算人在面前，大家也不直接說話，而是用 Kakao Talk。還有，在電影、電視劇、綜藝節目中出現很多傳訊息的畫面，觀眾會聽見 Kakao Talk 的訊息提示音。二〇一八年韓國市調機構 Trend Monitor 的調查結果顯示，Kakao Talk 等聊天工具的使用率高於語音通話。不管哪種機型的智慧型手機，或用哪一家電信公司，Kakao Talk 變成了每個人都會安裝的應用程式。Kakao Talk 在二〇一〇年上市時，人們問：「它要怎麼賺錢？大家都能免費使用 Kakao Talk 服務嗎？」但現在，Kakao Talk 變成了 94.9% 韓國人會使用的強大應用程式。

Kakao Talk 是如何在短時間內成為韓國人必備的溝通工具呢？原因可從三個方面說起。第一，Kakao Talk 旗下產品與服務的便利性很高，且功能優越。第二，有許多能搭配使用的外部應用程式。第三，很多親朋好友都使用它。

Kakao Talk 以廣大的顧客層為基礎，不斷地把現實世界的多

9：Kakao Talk 就像台灣民眾常使用的 Line，除了當作通訊軟體，也有繳費、觀看影音節目等多面向的功能。

種產業吸收到鏡像世界元宇宙中。比如說，在交通方面，它提供找路、計程車、代駕、導航、公車與捷運動態和路線規劃；在金融方面，它結合網路支付 Kakao Pay、線上股票交易服務和網路銀行 Kakao Bank 等；在娛樂媒體方面，Kakao Page 上提供網路小說、網漫與純文學等文化資訊服務，也經營著 Kakao TV，甚至還提供美容室預約服務 Kakao Hairshop。Kakao 宇宙像這樣日益壯大，在各種領域中深入我們的生活。

向**元宇宙**世界

Go Go！

擴增實境

密室逃脫咖啡廳

　　如果說花錢就能進監獄，大家覺得有願意花錢的人嗎？大概沒有吧。但如果只是遊戲，花錢試一下也不錯吧？這就是「密室逃脫咖啡廳」的起源。密室逃脫咖啡廳是利用各種線索進行推理，在時限內破解密室所有的任務，到達規定的空間就能成為冠軍的遊戲咖啡廳。像剛才提到的一樣，大家在元宇宙世界裡可以付錢進監獄。密室逃脫咖啡廳自二〇〇七年左右，從日本開始傳入歐美各國，後來以新加坡為中心風靡全亞洲。二〇一五年，首爾弘益大學附近開了韓國的第一家密室逃脫咖啡廳，現在韓國全國到處都能見到密室逃脫咖啡廳。

為什麼想花錢體驗被關的感覺呢？也許是因為對新世界的好奇與冒險心吧。逃脫密室咖啡廳利用人類的好奇心，以現實世界為背景創造新故事。這就是元宇宙其中一個類型「擴增實境」。不少韓國節目也應用密室逃脫的主題，像是 tvN 電視台的《大逃脫》系列就是個大規模的密室逃脫遊戲。

最近，某幾家企業創造了野外大規模密室逃脫遊戲，韓國最具代表性之一的是「PLAY THE WORLD」。玩家用智慧型手機登上網站，就能組合該地區的各種線索，享受密室逃脫遊戲。有趣的是，玩家經過相關地區時，會遇到其他玩家。玩家之間活在同一個地方卻又在不同的世界裡。

不愛戶外活動或想玩偵探遊戲的人，可以訂閱類似服務。舉例

▲ PLAY THE WORLD

來說，在美國新創公司的解謎遊戲網站「Hunt a killer」上，玩家能選擇自己喜歡的案件，之後該網站就會寄一個箱子到玩家家中，裡頭裝有破案線索。玩家把自己的推理上傳網站，減少嫌犯人數，就能拿到下一個線索箱。如此反覆進行，玩家最終便能抓到犯人。簡單來說，玩家可以通過擴增實境元宇宙遊戲，變身夏洛克‧福爾摩斯[10]，過一下偵探癮。

添加於現實世界的虛擬世界

擴增實境第一次出現在一九九〇年代，是一種在現實世界中加入電腦圖像等虛擬物體的技術，代表性例子就是幾年前掀起全球狂熱的《寶可夢 GO》。玩家在街道或特地地點打開遊戲應用程式，就能看見躲藏在現實世界的寶可夢，進行捕捉收集。迷上遊戲的玩家，即使有受傷的風險，也要抓到寶可夢。究竟擴增實境為什麼會這麼受歡迎呢？因為神奇！舉例來說，玩家透過智慧型手機的擴增實境鏡頭，掃描現實世界中平凡無奇的樹林，就會發現藏身樹林中的立體恐龍，逼真度超高。擴增實境的技術就像魔

10：英國偵探小說家亞瑟‧柯南‧道爾所塑造的著名小說人物。

法一樣，令人驚奇呢！

　　人們最熟知的擴增實境概念，就是通過智慧型手機或電腦，看見現實世界中出現了虛擬物體，並與之互動。換句話說，我們利用擴增實境眼鏡或智慧型手機應用程式，看見現實世界中出現的虛擬物體，這就是擴增實境元宇宙。

智慧型手機搶地盤

　　在利用擴增實境的元宇宙遊戲中，有一種搶地盤遊戲。科技公司 Niantic 的《虛擬入口》就是其中之一。Niantic 位於加州舊金山，是從 Google 獨立出來專門開發《寶可夢 Go》的公司，也營運著《虛擬入口》，這款遊戲被定位為基礎擴增實境。

　　《虛擬入口》的玩家分成啟蒙軍與反抗軍，兩個軍隊展開搶奪地盤的戰爭。玩家在《虛擬入口》中擔任要員，利用智慧型手機的 GPS 與 Google 地圖連動，展開遊戲。

▲《虛擬入口》

玩家拿著手機走在自家附近，在家家戶戶標上據點，就能佔有那塊地盤。

　　這裡有幾個值得思考的問題。第一個問題是玩家之間有可能會實體接觸，你有可能會在現實世界裡遇到另一個要員，而且有可能因為對方想搶走你的地盤而發生武力衝突。雖然《虛擬入口》是與現實世界分離的元宇宙，但因為是基於現實的遊戲，所以也

有可能真的在現實世界發生衝突。

　　第二個問題是所有權。在《虛擬入口》出現的土地，在現實世界是有主人的，在遊戲中，先佔有那塊地的玩家成為主人。如果玩家在享受《虛擬入口》的過程中，四處宣揚這裡是我的地，在地盤上跑來跑去，還在這塊地上貼廣告獲得收益，有可能會惹現實世界的真正地主不高興。

透過擴增實境，在現實世界實現想像

　　此外，有一種元宇宙是利用擴增實境，在現實世界的任一空間展現出幻想世界。也就是說，我們透過安裝在現實世界的裝置，看見並體驗現實世界不會有的事物。比方說，可口可樂公司的「下雪的新加坡」。新加坡是靠近赤道的炎熱地區，可口可樂公司是怎麼讓永不下雪的新加坡下起雪的呢？

　　在二〇一四年冬天，可口可樂公司舉行了有趣的宣傳活動，原本打算連結全世界的可口可樂公司，後來在這次活動中只連結了寒冷的芬蘭與炎熱的新加坡。可口可樂想送給新加坡一份聖誕禮物──「下雪」，於是製作了名為「冬季驚奇島」的裝置，一個

放在芬蘭拉普藍區的聖誕老人村，一個放在新加坡大型複合購物中心萊佛士城。兩台機器都設有攝影機與大型螢幕，只要有人靠近設在芬蘭的機器前，那個人就會立刻出現在新加坡的螢幕上；在另一邊，如果有人靠近設在新加坡的機器前，那個人就會立刻出現在芬蘭的螢幕上，就像視訊通話一樣，但事情還沒結束。

設在芬蘭聖誕老人村，外型酷似自動販賣機的冬季驚奇島下方有「放雪口」，而機器旁邊有大雪鏟。有人經過時如用雪鏟鏟雪、把雪放入放雪口，設置在新加坡的人工製雪機就會開始噴出雪花。在夢幻的下雪氣氛中，新加坡人在不下雪的現實世界中迎

接浪漫的聖誕節。

　　可口可樂公司憑藉科技與工程技術，實現了連結芬蘭與新加坡的元宇宙。更值得關注的是，這不僅僅是單純地展示新技術，可口可樂通過這種技術，也提供了溫暖情懷，實現了驚人的幻想，並指出元宇宙未來的發展方向。

替現實世界增添新故事

　　擴增實境的概念除了前面提到的，還有一種更進階的概念，

那就是在現實世界裡增添肉眼看不見的新故事，而不是看得到的物體。也就是說，在現實世界的背景之下，創造新的世界觀、故事與規則，玩家一起遵守規則、互相交流，享受元宇宙。

各位有沒有偷過別人的東西？真的偷了的話就糟糕了，對吧？法律禁止竊盜，但在元宇宙中，存在偷東西卻能獲得掌聲與獎勵的遊戲。澳洲墨爾本高級「藝術系列」連鎖飯店，打造了展示知名藝術家作品的元宇宙。夏季是飯店的淡季，藝術系列飯店為了促銷一千間客房舉行了活動。首先，飯店以一萬五千美元（折合台幣約四十六萬八千元）買入英國匿名塗鴉藝術家班克斯的畫作《No Ball Games》，展示在旗下其中一家飯店，並告知客人：「請偷走這幅畫」。飯店表示，沒有使用槍械、刀刃等威脅性工具或暴力行徑，用和平手段偷走畫的客人就能擁有這幅畫。前提是，要參賽就得先入住藝術系列飯店。

「偷走班克斯」活動剛宣布，客人便接踵而來，還包括了知名藝人。大家摩拳擦掌，虎視眈眈地等待偷畫的好時機。飯店在獲得客人們的同意後，把監視器畫面上傳社群媒體，這個活動一炮而紅，國外媒體紛紛介紹。最後，班克斯的畫作被兩名女性梅

根·安妮與莫拉·杜伊偷走。兩人成功偷畫的消息很快地傳遍社群媒體，該活動獲得克里奧國際廣告獎互動廣告獎銅獎、坎城國際創意獎公關獅獎。一千五百間客房全部

▲梅根·安妮與莫拉·杜伊

售出，並賺進投資金額的三倍收益，大獲成功！

「偷走班克斯」提供了元宇宙新的方向，擴增實境並不需要特殊眼鏡裝置或智慧型手機應用程式等技術。比起技術，更重要的是在現實世界中增添點東西，增強人們追求的遊戲快感、經驗與想法，將其引導到其他地方。

為什麼選擇擴增實境？

親身體驗過擴增實境，就會有活在另一個世界的感覺。就像前面說的一樣，人們很重視遊戲文化，通過遊戲能感受到二十多種情緒，包括誘惑、挑戰、競爭、成就、控制、發現、自我表現、

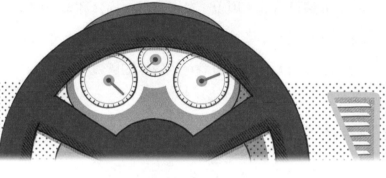

幻想、盟友意識、休息、施虐、感覺、模仿、顛覆、苦難、共鳴與戰慄等等。那麼，擴增實境的價值是什麼呢？

　　第一是幻想。不存在於現實世界的角色出現在現實世界。在死巷中，像《哈利波特》一樣，出現了停在國王十字車站九又四分之三月台的火車，或是變身成鑽石大盜。擴增實境是能讓人們通過遊戲實現幻想的技術。

　　第二是方便。其實，最積極接納擴增實境的是軍事領域。軍用飛機駕駛座前，安裝了最近有安裝在車子的抬頭顯示器[11]

11：功用是讓司機不需要低頭查看儀表，就能夠看到他需要的重要資訊。

(HUD)，甚至駕駛員還戴上了安裝頭戴式顯示器 (HMD) 的新型頭盔。現在鋼鐵人[12]瞄準敵人的畫面、設定飛機飛行路線的畫面等等，也許不再僅止於電影。此外，許多韓國綜藝節目的字幕、音效與表情符號等也展現了擴增實境技術。即使我們不去思考或注意它，它依然不斷地傳遞新資訊給我們，而且不管我們想不想接受，它都最大化地「擴增」了我們的感覺。

停止你的想像！

大腦不斷地處理、儲存大量資訊，做出某些決定，命令身體行動，我們稱這些為「思考」。人類大腦每秒接收約一千萬位元的資訊，換算成字元大概是超過一百萬字。可是大腦無法處理所有的資訊，這是幸還是不幸呢？無論如何，每秒一千萬位元的資訊大多被丟掉了，我們每秒真正能接收的資訊量約五十位元。換句話說，我們的大腦只使用了 0.005% 的資訊，剩下的都扔了。

擴增實境裝置能刺激我們的大腦，有效傳達資訊的同時，也利用視、聽、觸覺等五感，賦予我們強烈的現實感。也就是說，

12：是一位由漫威漫畫創作的超級英雄。

我們利用擴增實境程式，就能看見大腦中思考與想像的畫面。舉例來說，過去地球上住著恐龍，現在看不見恐龍的蹤影了，所以恐龍只存在人們的想像中，但利用擴增實境程式，我們能看見恐龍在眼前吃草、打架和爭地盤。

擴增實境實現想像的功能，從現在的網路內容更能看出來。字幕與表情符號變成不可或缺的內容。在影片上加入字幕或表情符號，即使看的人不刻意思考與想像，都能感受得到樂趣。舉例來說，有兩個人展開追逐戰，但是沒有配音效或字幕就會顯得單調，但加入充滿緊張感的音樂、字幕與表情符號的話，兩人追逐就會變成有趣的故事。

不過要注意的是，擴增實境要素有可能妨礙我們的思考。像是小狗舔小孩的影片中，對話框上寫著「小孩很開心」，人們看這段影片就會覺得他們很要好。但嚴格來說，除了小孩自己之外，沒人知道小孩是因為怕狗而變得僵硬，還是因為喜歡而沉默。

我們不用多花注意力，擴增實境就會提供我們資訊，但我們的理解與情緒很可能被內容提供者有目的地帶著走，看見不驚艷或不有趣的影片，卻因加入字幕與音效而爆笑或害怕。我們必須注意這一點，因為如果我們只按照內容提供者的意圖去理解資訊，

人類的基本能力「想像力」會退化，說不定我們將來一不小心就會活在任由內容提供者擺佈、左右我們想像力的世界裡。

活著的死人？

大家知道韓國組合「烏龜」嗎？當年烏龜唱著傳遞希望與溫暖訊息的歌曲，不過在二〇〇八年，創作人兼隊長 Turtleman 因病逝世，烏龜也解散了，粉絲們非常傷心。不過，烏龜在二〇二〇年通過《AI 音樂項目重新來過》節目，發了新曲。這個節目利用人工智能技術把回憶中的歌手重新喚回舞台。

人工智能觀看數萬次歌手過去的表演，學習、模仿該歌手的表情與音色。不只是單純的歌聲，也重現該名歌手的情緒與感覺。烏龜隊長 Turtleman 就像活過來般，跟其他成員一起唱歌跳舞。Turtleman 的家人與觀眾都因感動與思念，紅了眼眶。

利用人工智能技術得以活過來的成員，和成員一起表演的擴增實境舞台，竟然充滿舞台爆發力也是件神奇的事。不過，我個人不覺得這些技術做的每件事一定都是對的。因為這有可能造成人們分不清現實與假想，無法正確認知現實而感到混亂，所以，

我們利用科技要有一定的分寸，並要小心科技被壞人利用。

被運用在教育前線的智慧工廠

智慧工廠是指產品的生產過程全都透過無線通訊[13]連結，自動
進行生產的未來型工廠。擴增實境正在改變製造前線，甚至改變
工廠環境，使智慧工廠成為現實。智慧工廠所有的設備與裝置都
透過無線通訊連結，所以可以即時監控與分析產品製造總流程。
在智慧工廠裡，處處都安裝了蒐集數據的感應器與鏡頭，資訊會
被存到平台上，供使用者分析。

在工廠第一線的勞動者，可以透過把資訊重疊在實際物品上
的擴增實境技術，獲得工作所需的各種資訊，還能知道哪裡會製
造出不良品[14]，哪些機器無法正常運作。工廠靠著這些資訊，能把
作業過程的錯誤最小化，預防工作流程中斷。

歐洲飛機製造公司「空中巴士」透過名為 Mira 的擴增實境系
統，提供工程師所有製造中的飛機資訊，檢查飛機支架的時間因

13：是指不經纜線的遠距離傳輸通訊，像是 Wi-Fi、藍芽等皆是。

14：不符合產品標準的產品。

此從三週縮短為三天。

擴增實境也常被使用在第一線勞動者的前線技術教育訓練上，不用去工廠也能透過擴增實境技術模擬工廠實習，增加現場感。汽車製造商 BMW 把擴增實境技術運用到工程師培訓中，由原本一名教官培訓一名工程師的方式，變成了一名教官培訓三名工程師，大幅降低培訓成本，且學習成效是相同的。

此外，取代校園實體課程的遠距教學，也將憑藉擴增實境技術更上一層樓。擴增實境技術呈現出多樣效果，包括提高安全性，減少工時，提高質量，並減少教育成本等等，使工廠前線與工廠煥然一新。至於學校，因為它不僅是學習的地方，也是培養社交能力的地方，希望能有更多活用擴增實境元宇宙的方式。

休息一下——
創造全新的我 ZEPETO

ZEPETO 是韓國 NAVER[15] 的子公司 NAVER JET 推出的服務。它是把擴增實境元宇宙、屬於生命記錄元宇宙中的社群媒體，以及智慧型手機或電腦所創造的 3D 虛擬世界，結合為一體的平台。

ZEPETO 為使用者提供許多功能。第一個功能是結合 3D 技術與擴增實境的虛擬化身服務。虛擬化身一詞跟元宇宙一樣，第一次出現在小說《潰雪》。虛擬化身指的是「我」在網路上的分身。在 ZEPETO 中，使用者會擁有自己的 3D 虛擬化身，透過虛擬化身進行社群媒體活動，並與其他虛擬世界使用者交流，也能玩遊戲。

ZEPETO 提供的第二個功能是市場平台。使用者在 ZEPETO 上能親自製作各種服裝與道具，供自己的虛擬化身使用，或賣給其他使用者賺取收益。

第三個功能是社群媒體功能。使用者以自己的 3D 虛擬化身當主角，佈置充滿個人風格的空間，就像現實世界的室內裝潢一

15：韓國目前最大的網際網路服務公司。

樣，用牆壁、地板與道具裝飾頁面，也能在拍貼機拍照後上傳
IG。

ZEPETO 的最後一個功能是，使用者可以親自製作虛擬化身
玩的遊戲與活動空間，進行小組溝通或一對一交流。這些功能使
ZEPETO 從二〇一八年八月起就廣受喜愛，至今使用人數仍然持
續上升，其中十多歲的使用者占了 80%。ZEPETO 正在慢慢成為
目標客群為十多歲青少年的全球服務。

青少年不用自己真實的模樣，而是用虛擬化身與人交流，大
人可能會感到奇怪。不過，利用打扮漂亮的虛擬化身與人交流，
並不代表青少年否定現實中的自己。把虛擬化身想成是利用對元
宇宙的幻想，實現新式溝通的窗口，安心享受虛擬化身的樂趣，
你覺得如何呢？

03

向元宇宙世界 Go Go！

生命記錄元宇宙

別人過著怎樣的生活？

　　「生命記錄」元宇宙是指記錄、儲存自己的現實世界生活，與誰見面、有什麼想法等和生活相關的各種經驗與資訊，有時也會與他人分享。

　　最近韓國有很多觀察型綜藝節目，能觀察到藝人與普通人的生活，其中 KBS 電視台的長青節目《人間劇場》是關於普通人的特別故事，或特別的人之間的平凡故事。製作單位會貼身採訪像是我們鄰居般的普通人，觀眾對別人的生活產生共鳴的同時，也能反思自己的生活。《人間劇場》記錄普通人生活的節目宗旨，深受觀眾喜愛。

　　另外，MBC 電視台的人氣綜藝節目《我獨自生活》可以看成是名人版的《人間劇場》。還有像是 SBS 電視台的《我家的熊孩子[16]》與 tvN 電視台的《On & Off[17]》都屬於觀察型綜藝節目。不過實際上，觀眾並不知道觀察型綜藝的內容有多少是真的，多少是節目設定，有多少是像電視劇一樣演出來的。

16：節目邀請單身藝人的母親透過影片觀察孩子的生活情況，並表達心情。
17：節目把藝人工作前和後的樣貌呈現出來。

嚴格來說，這些節目很難被視為生命記錄元宇宙，雖然它展示了某人的生活，問題是其他人無法即時給出回饋，彼此也不能交流。不過廣義而言，因為這些節目呈現了某人的生活並和觀眾共享，觀眾也能通過節目公告欄或媒體等間接地給出回饋，所以勉強能算是生命記錄元宇宙的例子。

我想秀給大家看

生命記錄元宇宙是把我們生活中看到、聽到、感受到的記錄並儲存下來、與人分享。最近人們愛用的社群媒體 FB、IG、Twitter 與 Kakao Story 都屬於生命記錄元宇宙。大家覺得怎樣呢？不覺得我們早就生活在元宇宙世界嗎？使用生命記錄元宇宙的人用照片、圖片、表情符號、影片等，就像日記一樣，記錄下生活的每一瞬間。人們也會看別人上傳的生活記錄，用文字或表情給出回饋，有時為了分享給其他人看，也會轉發到自己的生命記錄元宇宙上，感覺好像在偷看別人的日記（當然這不是偷看）。

以前的人寫日記大多是為了交作業，通常不想讓別人知道自己的專屬記憶或情緒。那麼生命記錄元宇宙這種二十一世紀式的

讚 5814個
#元宇宙 #虛擬空間⋯⋯看更多

日記，都記錄了些什麼呢？人們在社群媒體上最常分享的內容依序是自己的想法、正在做的事、想推薦的東西、感興趣的新聞報導和別人的生命記錄、自己的心情或未來計畫。

乍看之下，大家可能覺得與過去的日記差不多，但值得注意的是，現在的生命記錄元宇宙多了「編輯」要素。編輯就是站在編輯者的立場刪除不必要的部分，或把日記剪輯得漂漂亮亮。也就是說，現代的生命記錄會刪除自己實際的面貌與生活中不想被人看到的模樣，剩下的內容也不會完整上傳，會整理後才公開。

30%以上的生命記錄元宇宙都是照片，所以大家愛拍好看的照片，或是到危險的地方拍照。智慧型手機的相機性能之所以不斷地提昇，也可以說是因為這種現象。換句話說，生命記錄元宇宙的目的是，刪除我不想被人看見的現實世界面貌，只放入讓每個人都會讚美「好棒」、「好好看」的那一面。

你在元宇宙裡的意義

大家在現實世界中是怎麼交朋友的？我們會和朋友一起上學、一起去補習班、一起吃辣炒年糕之類的食物、一起玩遊戲。

我們會走路、搭公車或搭捷運去找朋友。但是，在生命記錄元宇宙中，我們不是搭公車或搭捷運去跟某人見面，而是坐「Wi-Fi」登入 IG 等社群媒體。那麼，你在社群媒體上和哪些人認識呢？你的朋友名單裡可能有很多興趣相同的人，他們可能是你實際認識的人，也可能是陌生人。

既然現實世界中也能交朋友，為什麼我們非要透過社群媒體呢？可能是因為我們希望自己經歷過的好事或壞事，獲得更多人的認可、祝福、安慰或鼓勵吧。還有，社群媒體的特性是讓我們遇見的人多於現實世界，獲得回饋的速度也比現實世界快，所以大家會覺得倍感幸福和安慰。

從醫學角度來解釋，人類期待快樂時大腦會分泌一種叫「多巴胺」的賀爾蒙，而如果真的發生快樂的事，就會分泌一種叫「內啡肽」的賀爾蒙，產生類似快樂的幸福感。重要的是，快樂與幸福的感覺是無止盡的，所以人們為了享受無盡的快樂，會不斷地上傳東西，觀察別人的反應，也給出反應。

這裡頭藏了一個祕密。假如一開始有五個按讚數，一個留言，上傳者就能感到幸福，但隨著時間流逝，上傳者就像渴望被讚美的小孩一樣，想要更多的按讚數與留言，希望自己做了好事被越

多人讚美，也希望自己遇到了壞事被越多人安慰。這種現象反映了人類的真實情緒，是非常正常的，只是如果我們過度沉迷於社群媒體上他人的反應，就會與現實世界疏離，所以我們必須要掌握好分寸才行。

從今天起絕交！

在現實世界中如果有不喜歡的朋友，大家會怎麼辦？可能很難和那位朋友絕交吧！但在社群媒體上，有著相似特性的網友聚在一起，聊著相似的話題，這些「網友」卻隨時都能斷絕朋友關係。我們在 FB 或 IG 上偶爾會遇到不喜歡的網友，或是有網友指責或嘲弄上傳的照片或文章而感到不舒服，這種時候，我們和現實世界不一樣，不會忍耐，會按下「解除朋友關係」。我們對透過社群媒體結交的人際關係與溝通，擁有很高的掌控度，這與現實世界不同，用比較難的詞彙來形容的話，就是「可控性效應」。一般來說，我們會覺得在生命記錄元宇宙上記錄自己的生活很簡單，要與人分享也很容易，如果某人有點討厭，自己也可以刪除日記或阻止那個人分享。

在這裡我們得想一件事。如果我們喜歡透過社群媒體交友多於現實世界交友，會更容易感到空虛與孤獨。如果朋友只看見我好的一面，我也只看見朋友好的一面，就無法深入了解彼此，一不小心產生誤會，隨時都很容易解除朋友關係。所以，就算大家要透過社群媒體交朋友，也要用像現實世界一樣真摯與謹慎的態度。

幫到彼此的生命記錄

社群媒體就是一種生命記錄元宇宙，那麼在社群媒體上記錄生活、寫下生活的瑣碎記錄有什麼好處呢？這是不是在浪費時間呢？如果你有這樣的想法，那就看看日本廣島大學數學系西森教授的實驗吧。

西森教授觀察了兩組螞蟻，第一組是不太會找路的螞蟻，第二組是很會找路的螞蟻，看哪一組更快到達目的地。結果是第一組的螞蟻更快找到路。走到岔路上，不會找路的螞蟻乍看之下沒什麼用，但牠們走上的那條路有時反而是捷徑，有時是出乎意料地帶來另一種挑戰的新路。

長遠來看，走上岔路的螞蟻有點蠢，但其實是代表深遠意義

的同伴。總而言之，就算不是名人，我們也能透過普通人的生命記錄，發現意想不到的東西或學習到人生智慧。所以，根據我們使用生命記錄元宇宙的方法，它有可能會成為我們生活中的動力。

真正的我是什麼模樣？

大家在現實世界的模樣與生命記錄元宇宙——社群媒體上的模樣是一樣的嗎？還是完全不一樣呢？A 某在 IG 上既活潑又幽默，有很多朋友，每次上傳的照片與影片都得到很多按讚數與留言。他在 Twitter 上很關心政治與經濟話題，非常積極地發表意見，享受討論的樂趣。但是，A 某在教室中非常消極，和朋友聊天會害羞，也不會主動與人交談。這兩個人是同一個人嗎？

就像這樣，最近同一個人在現實世界與多個元宇宙世界中，會展現出不同的面貌。既然如此，像 A 某一樣擁有不同形象的人，可以被稱為多重人格者嗎？雖然程度有差別，不過大部分的人應該不會這麼覺得，反而會認為把不同元宇宙中的面貌加總，才能視為是「真正的我」。在 IG 上與陌生網友對話，給予積極反應的 A 某、在 Twitter 上喜歡與人談論的 A 某、在教室裡會害羞

的 A 某，這些全都是 A 某的樣子。

最近韓國掀起了「副角」風潮，副角就是副角色的簡稱，意指在日常中用不同於平常的面貌或性格行動。把多個元宇宙世界中不同面貌的我加總融合，才算是真正的我。

討厭一個人

有句話說「人是社會性動物」，在現實世界中，我們都會建立家人或朋友關係，不過也很容易因為人際關係產生誤會與矛盾。建立人際關係本身也不簡單。為什麼比起現實世界，我們在元宇宙更容易交到朋友呢？

在燈光昏暗的地方，因為看不清楚對方的表情，所以比較不會害怕對方，容易放鬆警戒，把對方的反應解讀成對自己好。這種現象稱為「黑暗效應」。屬於生命記錄元宇宙的社群媒體也有類似現實世界的黑暗效應。我們在 IG 等社群媒體上通常會上傳好看或微笑的照片。這時候，看到的人對我會產生肯定的情感，會放下戒心，容易拉近距離，所以才有人說在元宇宙世界沒有孤獨的人。

如果我們在現實世界和元宇宙朋友見面會怎樣呢？大概會有多年老友的感覺，這是因為前面說過的社群媒體的黑暗效應。不過得注意的是，透過生命記錄元宇宙認識的朋友的模樣，不是完整的他，因為我們也不會把自己的模樣完完整整地上傳生命記錄元宇宙。

想要秀出自我

　　人們一方面想隱藏自己，另一方面又想讓人看見帥氣的樣子。Vlog 滿足了這種需求。Vlog 是「影片」(video) 與「部落格」(blog) 的結合，也就是在社群媒體上拍攝、分享日常。一九九三年，英國廣播公司 (BBC) 播出的《Video Nation》節目中，第一支影片就是觀眾拍攝的 Vlog 日常。從二〇一〇年中期開始，網路速度飛快提升，用智慧型手機就能拍出畫質清晰的影片，Vlog 文化因此迅速成為大眾文化之一。

　　有些拍攝平凡日常的 YouTube 影片卻能突破百萬點擊率，人們到底為什麼要拍這種不特別的影片呢？哈佛大學的傑森‧米歇爾教授為了了解人們想表達什麼而進行了實驗。他把問題分成幾

類，有針對個人的問題，像是「你喜歡什麼食物？」針對親朋好友的問題，像是「你的朋友喜歡什麼食物？」針對一般大眾的問題，像是「今年最暢銷的泡麵是？」當實驗對象被問起這些問題時，更多人喜歡回答「你喜歡什麼食物？」這類的個人問題。也就是說，人們喜歡談論自己多過討論父母、老師或朋友。這就是為什麼記錄與分享日常的元宇宙會越來越多的原因。

不過，隨著 Vlog 的成長，也產生了意想不到的問題。舉例來說，當你拍攝校園 Vlog，其他人若出現在你的影片中，這時會侵

害到對方的肖像權[18]，一不小心就會構成法律問題。還有，現在大家都還是學生，去學校的目的是要上課，拍 Vlog 有可能妨礙到其他同學上課、影響他們的私生活，也會涉及倫理與禮貌問題。例如，當朋友或學校發生不好的事，你卻以「我要記錄」為由不斷地拍攝，會非常失禮，所以大家拍攝 Vlog 的時候，要小心不要越線，該遵守的還是要遵守。

很多人邊拍自己的 Vlog 邊看別人拍了什麼，有可能是想知道別人是怎麼生活的，或是自己沒辦法做的事，看別人完成了，從中獲得滿足感，或是自己遇到了什麼事，希望發現有人和我有相同的遭遇，想獲得共鳴和交流。

快速！簡單！誰都能辦到！

說到社群媒體，大家第一個會想到什麼呢？ IG 、 Twitter 、FB、YouTube、NAVER、Daum[19]部落格、Kakao Story。那麼大家聽過雅虎地球村、The Globe、Tripod 嗎？應該沒有吧。因為這些

18：指保護個人露出五官的人物像不被任意使用的權利。

19：韓國最大的入口網站之一。

都是九〇年代中期出現的社群媒體服務，是在大家出生之前，現在都消失了。這些服務不是透過智慧型手機或 Wi-Fi 連結，而是透過電腦有線網路連線。

韓國也有類似的社群媒體，那就是「賽我網」。大家有可能聽過它，因為在電視劇與綜藝節目中，賽我網偶爾會作為復古的通訊服務出現。賽我網出現在一九九九年，代表服務是「迷你小窩」，它的裝飾與管理功能比架設個人網站簡單。賽我網就像現在的擴增實境元宇宙服務 ZEPETO 一樣，有自己專用的虛擬貨幣「橡實」，除了迷你小窩，使用者也能創建角色。

當時賽我網有很多使用者，但二〇一〇年之後，韓國越來越多人使用 FB，賽我網的使用者急遽減少，服務也就終止了。不過，二〇二一年八月，因為元宇宙時代掀起熱潮，賽我網重新提供服務。儘管現在它只能讓使用者找回當年的 ID、上傳過的照片與影片，距離提供正式服務還有很長一段路，但很多九〇年代的使用者為了找回當年的回憶，在賽我網重新啟用後，短短十一個小時內，訪問人數就超過四百萬，足見大眾的熱情。

一度消失的賽我網與正在成長的 FB 有什麼差異呢？第一是可存取性[20]，賽我網只能用電腦連上線，現在的 FB 則可以直接用

手機連上，在幾乎人手一機的現代，賽我網沒能提高可存取性。第二，相較於賽我網，FB 的使用者操作清單更簡潔、方便。第三是平台特性，賽我網使用者只能用橡實購買賽我網上提供的道具，但 FB 使用者能在 FB 平台上使用其他應用程式，FB 替使用者與企業打開了大門，使用者不用離開平台，就能直接在 FB 中做所有的事。

　　總之，為了發展生命記錄元宇宙的社群媒體，我們都應該要敞開大門，讓更多的人與企業能快速、輕易地連上元宇宙。期待日後賽我網能發揮元宇宙特性，重新提供服務。

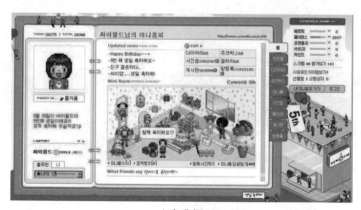

▲賽我網

20：使人能順利使用資訊技術的特性。

走路

爬階梯

跑步

和社群媒體一起成長的運動產業

我們到目前為止拍攝與分享個人日常的生命記錄元宇宙，不過像社交媒體這種。但生命記錄元宇宙不只有分享日常生活的功能，它已經擴張到整個產業。其中最具代表性的就是 NIKE 元宇宙。以「Air Max」聞名的 NIKE 為了掌握消費者資訊，像是運動方式、運動量等，藉此提高產品的銷售量，而設計了各種服務。

二○○六年，NIKE 與蘋果 (APPLE) 攜手合作的 「NIKE+」服務就是其中之一。 使用者把 NIKE+ 感應器貼在鞋子上跑步，iPod 就會留下記錄，之後上傳電腦。二○一二年，NIKE 推出了 NIKE+ Fuelband，就算使用者沒在運動，但只要戴上手環，就能把日常消耗的熱量換算成分數。

不過，因為其他競爭對手的關係，NIKE 放棄了穿戴式設備產品，改變戰略，提供應用程式，讓使用者能更快、更方便地轉移到 NIKE 自己設計的運動元宇宙上——跑步應用程式「NIKE+ Running」，以及綜合管理運動的應用程式「NIKE Run Club」。在 NIKE+ Running 中，使用者可以把自己的跑步路線與記錄分享到社群媒體上，和朋友互相勉勵與競爭。NIKE Run Club 則是模仿知名運動明星的訓練計畫，使用者可將自己的訓練記錄分享到社群媒體。

　　在這樣避免實體接觸的時期，人們到運動中心一起運動的機會逐漸減少，所以 NIKE+ Running 與 NIKE Run Club 的用戶正在增加。NIKE 元宇宙的運動記錄比任何調查機構都多，對於提高產品銷售量的原始目標與公司的價值，發揮了很大的作用。

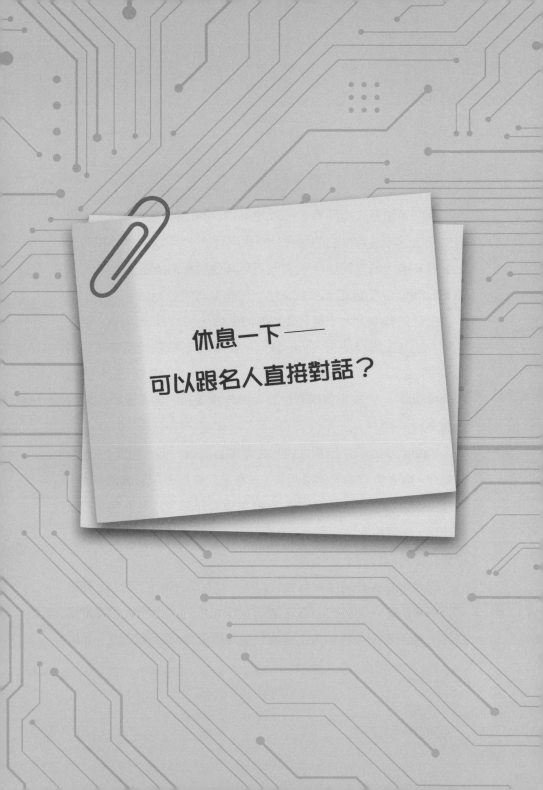

休息一下——
可以跟名人直接對話？

大家想和名人變熟嗎？那就使用 Clubhouse 吧。Clubhouse 是二〇二〇年三月推出的語音社交應用程式，可以與業界相關人士或好友進行語音對話，只有收到現有使用者的邀請才能加入。在 Clubhouse 不能用影片或文字，只能進行語音對話。

　　這個只有少少六十萬名使用者的平台，打從推出以來，就受到眾多創業家與科技業人士的歡迎。隨著特斯拉執行長伊隆·馬斯克的加入，使用者人數更是一度暴增。這是因為透過 Clubhouse，大家能與現實世界中很難接觸到的名人進行即時對話與交流。

　　Clubhouse 的使用模式通常是管理員開啟一個「房間」，並負責管理。進入房間的人分成兩種，一種是只能聽不能發言的聽眾，一種是擁有發言權限的發言人，但在房間介面下方有一個手形狀的按鈕，聽眾按下按鈕，獲得管理員同意，就能透過麥克風說話，感覺就像社群媒體上的補習班。

　　Clubhouse 善用了只有受到邀請才能加入平台的特性，利用了人們希望被人邀請的心理，還有興趣相投的人之間會想要對話討論。使用者不是透過人工智能之類的語音合成服務交談，而是

用自己真實的聲音進行對話，所以更有真實感，也更有情感。

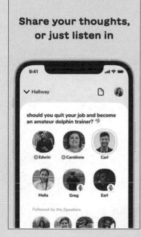 

▲Clubhouse

向**元宇宙**世界
Go Go！

鏡像世界

把現實世界搬走的沙盒遊戲

二〇一一年，像樂高一樣可以任意堆疊或破壞，創造自己獨有世界的遊戲出現了，那就是《當個創世神》。這是一款沙盒遊戲。大家是不是以為這裡講的沙盒指的是韓國知名藝人創立的新創公司 SANDBOX 呢？沙盒的原意是在裝滿沙子的大木箱裡用沙子堆出各種東西，重新打散再創造的遊戲。在《當個創世神》裡，玩家就像在沙

▲《當個創世神》

灘或遊樂場玩沙子一樣，能隨意建造或摧毀建築物。《當個創世神》是瑞典遊戲公司 Mojang Studios 研發的，後來微軟[21]花了一大筆錢買下這家公司。微軟搶先看出了元宇宙時代的到來。

在《當個創世神》裡有很多世界級的建築物，像是韓國的佛國寺[22]與景福宮[23]、印度的泰姬瑪哈陵、法國的艾菲爾鐵塔等等，

21：是美國的跨國科技公司，與亞馬遜、蘋果、Google、Meta 並列為五大科技巨擘。

22：位於韓國慶洲市超過一千年的佛教寺院，一九九五年被列為世界文化遺產。

23：位於韓國首爾市的朝鮮王朝主要皇宮，朝鮮五大宮闕中規模最大的一座。

就像現實世界的鏡子一樣。此外，受到新冠疫情的影響，二〇二〇年有很多美國的大學都被搬入遊戲裡，從教室、圖書館、宿舍到餐車，全都跟現實世界的一模一樣。

其實，大部分的人都覺得《當個創世神》的電腦圖像品質有待改進，但小學生很喜歡。為什麼呢？因為在《當個創世神》中蓋房子或拆房子都是學生們主動完成的，而不是學校或老師出的作業。因為每個人都會愛自己創造出來的東西，感到很有成就感，所以往往會高估自己的傑作，這叫「勞力辯證」。大家會覺得透過我的想像力與努力創造出來的東西更有價值。《當個創世神》元宇宙體現了此一特性，讓大家在這個世界裡盡情發揮想像力與創造力。

▲《當個創世神》

增添現實世界的效率性跟擴張性

　　大家每天早上都會照鏡子嗎？也有些人不只早上，一有空就會照鏡子吧？鏡子是照出我們真實模樣的工具，但當元宇宙也出現鏡子效果的時候會怎樣呢？鏡像世界元宇宙是指把大家現在生活的現實世界的模樣與資訊，原封不動地複製出來的世界。鏡像世界元宇宙不但比現實世界更實用、更有效率，它的範圍與規模也更大。說得難一點的話，鏡像世界元宇宙替現實世界增加了效率性與擴張性。

　　舉例來說，大家跟爸爸媽媽一起安排假期計畫。首先，為了訂飯店，大家要先打開應用程式，觀察飯店的地點、設施與房間狀態好不好，還有房價多少等等，再選出符合條件的飯店訂房。大家不需要親自去飯店或打電話詢問，透過應用程式訂房是不是很有效率又很實用呢？同樣地，我們想要預約好吃的餐廳，也可以在應用程式中查詢好吃餐廳的位置與基本資訊後，再進行預約。

　　人們滑應用程式，決定要住哪家飯店或要吃哪家餐廳的標準是什麼呢？顧客評分與心得等都是重要的參考因素。這就是資訊擴張性。比方說，在外送應用程式中，我們選店家的時候可以依

價錢、位置跟外送費等各種條件挑選，但說到底，最重要的就是味道。但味道是個人感受，在東西吃到嘴裡之前是不可能知道的。

不過在外送元宇宙上面，大家就算還沒吃到，也能透過鏡像世界擴張性的重要因素——心得與評分，猜到一二。所以，我們在寫心得和評分的時候，都要非常謹慎，因為不能讓店家與其他叫外送的客人，因為我們的心得和評分蒙受損失。要是我們騙人說這家店很難吃，或把不好吃的店家說成很好吃的話，繞了一大圈回來，最終會上當受騙的是我們。不能讓這種事發生，對吧？

雖然是鏡子，但不會按原樣展現！

鏡像世界元宇宙不但有效率、實用，且具有擴張性，就算沒有親身體驗過也能知道很多資訊。它替我們的生活帶來巨大的改變，其中最有用的應該就是找路服務。以前人們要找路得拿著紙本地圖找，現在只要用導航就行了。透過 GPS 定位提供的線上地圖服務，像是 Google Earth、NAVER Map 等，會週期性地更新地圖，竭盡所能反映出現實世界的變化。

不過鏡像世界是不會百分百原樣呈現現實世界的，在我們用

應用程式選好飯店之後，如果我們不直接到現場去看看，就不會知道飯店旁邊有什麼建築物、有什麼商店。應用程式不會提供不相關的內容，所以我們無法知道飯店周遭所有的建築物。也就是說，鏡像世界只會因應應用程式使用者的需求而提供資訊，會有許多與現實世界不同的情況發生。儘管如此，前面提到的效率性與擴張性，仍舊讓多種領域，像是商業、教育、交通、流通業等都廣泛使用了鏡像世界。

Google 為什麼免費提供地圖服務？

大家知道《哈利波特》書中的祕密地圖嗎？把魔杖貼在羊皮紙上，念出咒語，就會浮現霍格華茲地圖，上頭會用腳印標記出每個人的名字與所在位置。在現代社會，人人都能施展這種魔法，不是魔法師也可以，不唸咒語也可以。當然，我們需要的是智慧型手機，而不是羊皮紙地圖。當我們把地點輸入搜尋欄，地圖上就會出現箭頭，而不是腳印，也會告訴我們需要多久才能到達那裡。還有，如果我們在別人的智慧型手機安裝「定位追蹤」應用程式，我們的手機地圖就會出現對方的位置。

不過大家知道這些定位和導航所需要的地圖數據是從哪裡來的嗎？那就是 Google 地圖服務。Google 為什麼要製作地圖呢？從二〇〇五年二月，Google 的地圖服務出現之後，就不斷地在更新。不只是陸地，Google 也把航空照還有部分大海的模樣都做成了全景圖。Google 允許許多企業利用它的地圖，開發導航服務或外送應用程式。有很多公司都利用 Google 地圖數據創造鏡像世界元宇宙，而且都是免費的。

　　要製作大型地圖，就需要花費大量的成本與人力。對於 Google 這麼大方免費提供所有數據，很多人感到好奇，但隨著新冠疫情的發生，人們減少實體接觸後，越來越多企業與國家投入鏡像世界元宇宙的開發，Google 擁有的數據變得越來越重要，也因此掌握巨大權力。

　　Google 似乎預知到世界會產生變化，幸運的是，鏡像世界元宇宙需要的不只有 Google 免費提供的地圖。根據地圖上有的東西，地圖的活用度也會不同。也就是說，比起地圖本身，地圖上有哪些建築物、好吃的餐廳、住宿設施、移動路線等相關資訊更重要。所以，我們在建造鏡像世界元宇宙時，要考慮的不只是如何使用 Google 地圖，還要考慮我們要在地圖上加入什麼。

網路教室「ZOOM」

　　學校的課分成了新冠前與新冠後。在新冠疫情之前大家是怎麼上課的呢？老師和學生都在教室面對面上課，大家可以發問，還可以上台報告。可是在新冠之後，減少了實體接觸，很多課程都改成線上授課。大家不進教室，留在家裡，透過電腦畫面和老師與同學見面、上課。這就是把現實世界的教學搬到鏡像世界元宇宙。讓遠距教學得以迅速發展的服務就是 ZOOM。ZOOM 本來是給企業開視訊會議的服務，以網路為基礎提供各式各樣的功能，好比遠距離開會、聊天、投票、小組討論等等。但在新冠之後，很多國家的教育機構改成遠距教學，大多使用了 ZOOM。

　　遠距教學大致分成三種。第一種是提前錄製好課程再上傳。在課堂上，老師與學生，還有學生與學生之間的即時溝通很重要。如果提前錄好上課內容，大家就很難即時溝通，會變成單方面授課。第二種是用 ZOOM 直播講課，但這種方式缺乏直播的意義。雖然老師是親自上課，但學生關掉鏡頭和麥克風，只透過喇叭聽課，這也是單方面授課。第三種是用 ZOOM 進行即時的遠距教學，老師與學生，還有學生與學生之間能馬上交換意見。

　　目前為止，遠距教學大多是透過視訊會議進行，使用者的臉會出現在螢幕上。但如果我不想出現在螢幕上，那麼可以使用像是 Teooh 的虛擬聚會平台服務。Teooh 是把現實世界教室搬到網路上，使用者登入之後，不必露臉，可以創建一個虛擬化身上課，和其他同學的虛擬化身對話。

　　在不實體接觸的環境中，ZOOM 一類的視訊會議工具正成為

我們所有人的教室，如果能妥善利用，相信不會影響到大家的創造力與想像力。不過，不是所有的課都能在鏡像世界中進行。學校不是單純傳遞知識的地方，也是教育品格的地方，所以學生和老師依然需要在現實世界中見面與溝通，我們也必須不斷地思考，要怎麼把鏡像世界所具有的效率性與擴張性，與現實世界連結。

數位實驗室

醫學研究為了保護人類不受各種疾病與病毒的威脅，需要實驗室。有些實驗室把現實世界的實體研究室搬進鏡像世界中，善用了鏡像世界的效率性與擴張性特質。

其中一個例子是，在華盛頓專門研究蛋白質構造的大衛・貝克教授，二〇〇八年開發了 Foldit，把防止病毒感染的實驗做成遊戲，公開在網路上。人們可自行利用各種方法摺疊蛋白質胺基酸序列，眾人的創意力與出色的直覺有助醫學發展。在二〇一一年，有六萬名參與者花了十天，在線上解開了十年來無數科學家都無法解開的問題──愛滋病疫苗需要用到的蛋白質結構。

二〇二〇年春天，華盛頓大學研究團隊為了開發新冠病毒的

治療劑，在 Foldit 上傳了疫苗所需的蛋白質結構的任務。當初約有二十萬人一起登入數位實驗室，所以很快就有疫苗問世。

什麼都能外送的時代

說現在是外送時代也不為過，大家不用上菜市場買菜，只要透過 Coupang 或 Market Kurly[24] 應用程式，點幾下按鈕，凌晨就會有新鮮的食物宅配到府。在這種時代，有專門外送食物的企業，像是 「外賣民族」。外賣民族從二〇一〇年六月開始提供外送服務，並持續成長。以前外送的食物只限中式料理，但外賣民族打破常規，開始送一些過去沒有外送的食物，像義大利麵、壽司、咖啡、漢堡，甚至是超商產品。

在這之後，隨著外送元宇宙越來越受歡迎，規模也越來越大，有些餐廳索性取消實體店面，轉型成專門外送的餐廳，後來只租用廚房的企業也越來越多，相較於二〇一九年，只租廚房的企業在二〇二〇年增加了 72%。另外，隨著新冠疫情的出現，民眾之間的社會隔離措施加強，到店裡用餐的客人也變少了。

24：韓國第二大電商公司。

外送是一個很典型的鏡像世界元宇宙例子，跟我們體內的鏡像神經元有關。大家有過在外送應用程式上點餐，看到炸雞照片突然流口水的經驗嗎？這是因為鏡像神經元影響大腦活動，讓我們產生同理心。舉例來說，如果我們在電視上看到某人悲傷的故事，會一起流淚；看到有人吃泡麵或炸醬麵的畫面，就會突然嘴饞。

鏡像神經元負責觀察與模仿別人的行為，學習其過程，只聽別人的故事就能理解別人處境。所以，當我們用外送應用程式點餐的時候，眼睛雖然沒看到實際的食物，卻能從應用程式上顯示的店家地址與位置，閱讀別人留下的評論，想像食物的味道，獲得間接經驗，在點餐後，按照應用程式上顯示的預計送達時間，準備好用餐。外送在許多方面都與鏡像世界有密切的關係。

刺激情緒的鏡像世界元宇宙

鏡像世界元宇宙之所以存在，這是因為鏡像神經元對我們大腦活動有很大的影響。有一款遊戲《癌症似龍》能刺激鏡像神經元，背景故事是關於某個承受喪子之痛的父親。大部分的遊戲都設定虛擬世界才有的情境與世界觀，但這款遊戲是一對夫妻為了

悼念因為小兒癌症而離世的五歲愛子喬爾所開發的遊戲，把兒子的人生投射到鏡像世界中，是個反映現實世界悲傷的鏡子。

《癌症似龍》是引導玩家從喬爾與喬爾父母的痛苦產生共鳴的遊戲。玩家不是透過語言去理解別人的經驗與情緒，而是親自進入鏡像世界，藉由自己的選擇與行動，達到理解與共鳴。這款遊戲是由送走兒子的父親視角開展，在悲傷的音樂與父親的喃喃自語中，融入了父親照顧生病的兒子，最終送兒子離開人世的哀傷。現在的鏡像世界元宇宙不僅僅是享受遊戲的樂趣，也成為了理解他人，與他人共享心情與想法的虛擬空間。鏡像世界元宇宙的效率性與擴張性在這裡得到發揮。

▲ 《癌症似龍》

休息一下——
偶然誕生的 Airbnb

大家去旅行的時候都住在哪裡呢？如果是學校集體旅遊，可以住在青年活動中心，如果是家庭旅遊，可以住在溫馨的飯店。最近還有一個不提供房間的人氣住宿方式，那就是 Airbnb。Airbnb 是二○○八年美國舊金山推出的服務。

　　舊金山的租金出了名的貴，有兩個人靠著昂貴的租金大賺一筆。那就是布萊恩・切斯基與小約瑟夫・喬・傑比亞。他們兩個是好友，在辭職後付不出昂貴的房租，左思右想後，在自己的家裡鋪了幾個氣墊床墊，把床鋪出租給需要的人，並附加早餐服務。他們異想天開的點子帶來了驚人的成果，後來兩人一起成立了 Airbed&Breakfast，也就是現在我們熟知的 Airbnb 名字的由來。

　　讓我們看看 Airbnb 的服務模式吧。首先，使用者在 Airbnb 上註冊自己名下的公寓或房子，不使用房子的時候租借給需要的人。Airbnb 把使用者登記的個人房屋相關資訊，包括位置、設施等，蒐集起來成立了像 Google 地圖一樣的資料庫。需要租房的人可以輕易找到滿意的房間。這就是把個人的房屋直接搬入鏡像世界元宇宙中。Airbnb 上的房源眾多，有古老的城堡，還有西班牙建築師高第的建築物。Airbnb 變成許多遊客租房的熱門選擇。

　　不過，也有不少房子與登記在 Airbnb 上的內容差太多，而且房客毀壞房子，或是偷走房子裡的東西的情況頻頻發生。另外，世界各國一度因應新冠疫情紛紛發佈旅遊限制公告，使得 Airbnb 事業面臨嚴重危機。大家要記住，與現實世界密切連結的鏡像世界元宇宙，受到現實世界的影響非常深！

05

向**元宇宙**世界
Go Go！

虛擬世界

總統創造的遊戲

　　大家知道第四十六任美國總統喬・拜登是靠遊戲當上總統的嗎？當然，不完全都是靠遊戲的力量。喬・拜登在美國總統大選期間，在《動物森友會》裡進行了選舉造勢活動。《動物森友會》是任天堂開發的遊戲。在新冠疫情發生之前，候選人隨時都能到處進行造勢活動，與選民們握手，但因為疫情的關係，公眾集會被禁止，最後採取了在元宇宙中與選民溝通，和社群媒體連結的方式。

　　在《動物森友會》中，玩家能透過虛擬化身探索與開拓專屬的無人島，也可以去朋友的島上做客。疫情讓每個人都變得與世隔絕，壓力隨之增加的時候，人們透過《動物森友會》獲得喘息的機會，享受與他人的溝通。也有玩家在島上開餐廳或開大學入學考試補習班，邀請其他玩家一起享受樂趣。所以，《動物森友會》成了實現溝通目的的元宇宙。

　　最近，韓國的家電產業也迷上了元宇宙。二〇二一年，LG電子[25]宣布在《動物森友會》上建造了OLED島與LIT島，瞄準熟

25：韓國著名上市公司，主要經營範圍含括電子與通信技術、家電和化學三大領域。

悉虛擬空間的 MZ 世代[26]，希望能達到宣傳自家電視產品的效果。此外，樂天[27]Hi-Mart 也在《動物森友會》建造了 HIMADE 島。樂天 Hi-Mart 不斷積極向 MZ 世代宣傳 HIMADE， 也打算把從 HIMADE 島獲得的創意反應到商品中。家電產業就像這樣積極利用虛擬世界，擬定有趣的家電行銷策略，把遊戲視為打動未來消費者的好機會。

想像成為現實的世界

最近韓國流行「發呆」，什麼也不想地看著燃燒的火堆，或魚缸裡游來游去的魚，或是綠意盎然的花花草草。這就是發呆。現在發呆已經變成引領高科技產業的重要條件。在疲憊的現代社會中，發呆變成了守護健康心理的要素。人類的想像是無止境的，不過根據研究結果，如果我們能發發呆，讓大腦獲得休息的話，想像力能發揮更大的效果。接下來要介紹的虛擬世界元宇宙與想像力關係密切。

26：指 1981–2010 年期間出生的人。

27：韓國網際網路服務公司，在多國都有業務的超級集團之一。

　　顧名思義，虛擬世界就是現實世界不存在的新世界。它來自人類的想像力，也就是說，我們設計了和現實世界截然不同的三維虛擬世界，裡頭的時代、文化背景、人物、社會制度等都和現實世界不一樣，打破了現實世界的侷限。

　　人類從很久很久以前就渴望長命百歲，不斷地追逐人生的滿

足感。但我們都知道，人的生命是有限的，慾望是無限的。我們不可能長生不老，不可能滿足所有的慾望，也許正因如此，人類才渴望在自己創造的新世界中，用不是真實的自我，而是用虛擬化身，也就是人工智能分身的面貌生活。

實現新交流的世界

虛擬世界元宇宙是憑藉想像力創造的世界，我們在那裡可以與人見面、溝通、玩遊戲。我們明明也可以在現實世界中閱讀、運動、玩遊戲、交朋友和旅行，為什麼非得要創造虛擬世界？在那裡與人見面要做什麼呢？

進入虛擬世界的人們會成為探險家或科學家，探索虛擬世界的世界觀、哲學、規則、故事、地形與事物等，因發現新事物而喜悅。我們還能交很多朋友，不管是現實世界認識的朋友還是網路上的陌生人，建立廣泛的人際關係，而且我們還能獲得虛擬世界的數位資產，擁有高等級和權限，享受自己創造出來的世界的成就感。換句話說，雖然虛擬世界的創造背後隱藏著人們渴望享受的心理——雖然虛擬世界跟現實世界一樣，但是虛擬世界不會

受到人際關係或自然條件的限制。因為人們在虛擬世界遇見的人大多是現實世界不認識的人，所以可以痛快地說出藏在心底的故事。

我們在現實世界中很難隨心所欲，有時也會與本人的意願相反，與朋友的關係走到破裂，有時也會和父母吵架。但是大家不能為了逃避現實而進入虛擬世界。虛擬世界不是讓大家逃避現實世界的地方，而是為了讓大家能產生更有效、更豐富經驗的地方。那麼在虛擬世界的經驗，對活在現實世界的我們有什麼意義呢？我們應該要思考已經進入現實世界的虛擬世界，它是如何與現實世界連結，又是怎麼克服現實世界的不足之處。

粗魯又暴力？

遺憾的是，最近電視上可怕的新聞和事故比溫馨的新聞多，其中有很多匪夷所思的事件。肇事者的共同點之一就是愛玩暴力遊戲。這也是為什麼大眾會擔心那些為了緩解現實世界壓力，促進人際關係的遊戲，或戴上有色眼鏡看待玩遊戲的人。因人各有異，「暴力遊戲有可能會讓人變得粗暴」的說法，並不適用於現實

世界中情緒穩定，也受過良好教育的人。

　　賀爾蒙會影響人類的情緒，多巴胺、睪酮、皮質醇都是賀爾蒙。多巴胺是一種與刺激有關的賀爾蒙，從人出生到二十歲左右，我們體內的多巴胺數值會持續上升；睪酮是與支配慾有關的賀爾蒙，會在二十歲到三十歲時達到最高值，也就是說，我們在二十歲到三十歲的時候好勝心會最強；皮質醇是與均衡有關的賀爾蒙，數值一直在下降，直到二十多歲為止，換句話說，我們到二十多歲為止很少會想保持均衡或追求穩定。

　　綜合來看，青少年因為不斷提高的多巴胺數值而追求持續的刺激；因為無法控制飆升的睪酮數值，一旦和人發生衝突就會想方設法贏過對方；因為皮質醇數值偏低，所以不怎麼在意刺激或鬥爭中造成的不安感。所以，青少年在虛擬世界的粗魯暴力行為，未必是因為虛擬世界，而是一種自然的成長現象。

　　但這並不是說我們可以忽略虛擬世界中的粗魯暴力行為，就像前面說的一樣，要先在現實世界中打好人際關係，再進入虛擬世界元宇宙。也就是說，我們要先建立好現實世界中與父母、朋友的關係，比起只考慮自己的自私心理，要先考慮對方，尊重對方的想法與行動。有了這樣的心態後再進入虛擬世界，就能更有

意義地享受虛擬世界。這就是我們必須要具備區分現實世界與虛擬世界的能力的原因。

虛擬世界的經驗也能派上用場？

在虛擬世界遇到的人總是追求新鮮，享受新道具與新挑戰，就算失敗也不會太失望。因為大家享受的是創造新事物的過程。有些人說在虛擬世界經歷的事與現實世界無關，不過，從某些呈現虛擬世界與現實世界具有一定連結性的案例來看，這種想法似乎是錯的。

在第一人稱射擊遊戲《美國陸軍》系列中，有個任務是要扮演戰鬥救護兵接受訓練。某位愛玩這個遊戲的玩家帕克斯頓，在高速公路上發現了一輛翻車的廂型車，且裡頭有乘客。帕克斯頓利用玩遊戲時當過戰鬥救護兵的經驗，對乘客進行急救。此外，二〇一七年在愛爾蘭的某條公路上，有位七十九歲的老爺爺載著十一歲孫子上路，行駛途中爺爺昏迷了，但爺爺的腳還踩著油門，車子不斷地向前行駛，生死攸關之際，孫子想起自己玩開汽車遊戲的經驗，一手扶著爺爺，一手控制方向盤，避開了危險。

不僅如此，二〇一一年有位網路遊戲《天堂》的玩家，他的家人動手術卻遇上血庫血不夠，偏偏又是特殊的 RH 血型，情況危急，玩家在自己愛玩的《天堂》發布公告，在現實世界中素昧平生的玩家之中找到了合適的捐血者，救回家人一命。

　　像這樣，我們在虛擬世界累積的經驗會對現實世界的我們產生巨大影響。因為我們透過虛擬世界，可以看到別人是怎麼進行挑戰的，還有挑戰時遇到哪些錯誤，從中獲得經驗。在現實世界中，就算我們沒有親自經歷某件事，也能根據類似的環境與任務，學習別人是怎麼執行任務、解決問題。而我們在虛擬世界中能學得更快，擁有的經驗也能更多。隨著這樣的經驗變多，我們的自信心也會提高。

　　我們的大腦與身體是相連的，在移動的時候，大腦的活動會變得更活躍，所以大家不要只透過智慧型手機間接體驗虛擬世界，要在現實世界積極與人溝通，積極活動身體，這樣才能最大限度地享受到虛擬世界的好處。

在元宇宙裡積累的友誼

　　我們與朋友的美麗友誼不僅僅存在於現實世界。在虛擬世界元宇宙中，有一款遊戲能讓玩家之間不分年紀與種族，都成為好朋友。那就是以遊戲為基礎的元宇宙服務《機器磚塊》。這款遊戲的特點是，使用者可以利用工作室功能，自己開發射擊、戰略或交流等多種類型的遊戲。

　　二〇〇六年《機器磚塊》第一次在美國推出。使用者可以製作像樂高積木一樣的虛擬化身，在平台上開發遊戲或去玩其他使

▲《機器磚塊》

用者開發的遊戲。在《機器磚塊》中，使用者同時扮演了在別人創造的世界裡玩樂的玩家角色，以及創造世界給別人玩耍的創作者角色。因為所有的活動都很簡單、沒有障礙，所以《機器磚塊》的使用者人數逐漸增加，截止至二〇二〇年已經超過一億五千萬名，包括從六歲到十六歲的兒童與青少年都很喜歡。《機器磚塊》在美國的主要客群是青少年，它的青少年客戶人數是最多的。

與現實合為一體的元宇宙

目前為止，我們介紹的元宇宙大多是遊戲，但《要塞英雄》不一樣。《要塞英雄》與現實世界的企業合作，真正地發揮了廣告宣傳的效果。在職業摔角賽中，「大逃殺」指的是同時有幾名玩家登擂台混戰，淘汰至最後一人為止。《要塞英雄》也採用了大逃殺的形式，讓多名玩家上場玩遊戲，再進行淘汰。

《要塞英雄》與 NIKE 公司合作，嘗試把現實世界的產品帶入元宇宙。NIKE 的 Air Jordan 服飾在元宇宙商店裡賣了一千 V-Bucks。V-Bucks 是《要塞英雄》裡的虛擬貨幣。還有，《要塞英雄》和漫威合作，玩家可以使用電影中英雄們的武器。像這樣，

▲《要塞英雄》

NIKE 與漫威等公司提供現實世界的知識產權，到虛擬世界元宇宙創造新收益。

　　以前人們購物得親自到傳統市場或百貨公司，隨著網路越來越發達，後來科技進步到只要打開電腦就能連上許多網路商城，現在發展更進步，用智慧型手機就能享受網購樂趣。不過，手機購物的時代也將過去了，我們開始在元宇宙上進行各種活動，包括玩耍、工作、購物、與人溝通。元宇宙將不只是單純的遊戲，而會進一步與我們的現實生活相連。

具現虛擬世界的《一級玩家》

　　電影《一級玩家》是史蒂芬‧史匹伯導演在二〇一八年翻拍美國作家恩斯特‧克萊恩小說的作品。在電影中出現了名為《綠洲》的虛擬現實遊戲。主角們連上《綠洲》的裝置和我們現在使用的設備非常像。《綠洲》創始人死前留下遺言：自己在裡頭藏了三個任務，會把《綠洲》的所有權和巨額遺產留給奪冠的人。IOI 的大企業動員起來要爭奪遺產，一群年輕人為了守護《綠洲》挺身與 IOI 對抗。

　　《綠洲》遊戲是虛擬世界元宇宙。這裡有我們需要思考的部分。首先，真的有像《綠洲》一樣那麼真實的虛擬世界元宇宙嗎？電影中的《綠洲》和現實世界是難以區分的，幾乎等於現實世界。《一級玩家》的主角們在裡面觸摸東西、行走或奔跑的感覺都非常真實，可是在現實世界中，我們的虛擬世界還

▲《一級玩家》

▲《綠洲》

沒進步到那種地步。還有,我們有必要發展出像電影那樣幾可亂真的技術嗎?我們真的能開發出那種技術嗎?這些都是值得思考的問題。因為如果真的有一個虛擬世界,擁有與現實世界類似的真實感,那人們就無法區分現實世界與虛擬世界,有可能會造成各種心理與情緒上的穩定問題。

　　另外,電影中的大企業 IOI 命令員工登入《綠洲》遊戲的工作場面也值得深思。那些員工等於從事元宇宙相關工作,我們可以預測到日後元宇宙中的工作職位會持續增加,維持秩序、幫助人們、創造項目、進行表演等都會持續創造新的工作。虛擬世界

的職缺增加，幾乎所有的人都在元宇宙上下班，能夠解決一定程度上的交通、住宿和育兒問題。但如果我們只能在與現實完全隔絕的虛擬世界元宇宙上班，那真的是份好工作嗎？這部電影也提到，要拯救《綠洲》需要的不是虛擬世界，而是現實世界的友情與愛情的力量。所以說，任何虛擬世界都不可能脫離現實世界獨立存在。

VR 是善良的技術嗎？

二〇二一年一月，韓國 MBC 電視台的《VR 人類紀錄片：與你相遇》中，一名男性與他的孩子們，透過虛擬實境技術與四年前過世的妻子相遇。一家人戴著大型虛擬實境眼鏡，那名男性的手臂在空中揮舞，試圖觸摸去世的妻子，最終忍不住流下眼淚。觀眾們為之動容，一起啜泣。該節目的宗旨是讓家人與親朋好友向過世親人傳達來不及說的話。虛擬實境技術被當成了一種「善良」的工具使用。

實際上，隨著技術的進步，虛擬實境也被用在醫療領域。舉例來說，讓有懼高症的人看虛擬實境影片，幫助他們克服精神創

傷。此外，英國老年癡呆症研究所也在護理人員教育訓練中導入虛擬實境技術，提高護理人員的同理心與理解他人的能力。

　　但也有些人對虛擬實境技術的進步帶來的變化感到擔憂。在前面提到的紀錄片播出後，有人批評電視台利用失去家人的悲傷衝收視率。人有「被遺忘」的權利，意思是讓過世的人復活，能安慰活著的人固然好，但沒人問過死者的意見，死者也許不願意這麼做。二〇一四年過世的美國演員羅賓・威廉斯在遺書中明確表示，到二〇三九年之前禁止任何人使用他生前拍過的影片或肖像。所以說，我們應該也要尊重死者的意見才對。

　　也許，不存在這個世界上的人事物，都會隨著時間的流逝被遺忘，這就是天理。站在這種角度上，當現實世界與虛擬世界變得難以區分時，我們就應該要思考，在現實世界利用的虛擬實境技術，究竟是用意善良，還是違反社會的倫理呢？

在現實世界裡也這麼做！

　　大部分的元宇宙都建立在現實世界的基礎上，不過《魔獸世界》遊戲提供了現實世界應對新冠病毒的方法。《魔獸世界》是暴

雪公司開發的遊戲，於二〇〇四年開放伺服器，遊戲中共有十三種種族、十一種職業，是個玩家數破千萬的虛擬世界元宇宙。

在二〇〇五年九月十三日，魔獸世界發生了一個大麻煩，某個名叫哈卡的怪物帶來了病毒，玩家進入特定地區就會染病，而確診玩家的生命值會慢慢下降，最後死亡。不幸中的大幸是，因為病毒只擴散在特定地區，所以玩家只需離開該地區，就會自然痊癒。但當玩家帶著自己馴服的野生魔獸行動時，病毒傳染給該魔獸，就算魔獸離開該地區也無法痊癒，會帶著病毒離開。

而且，魔獸身上的病毒會傳染給其他位於大城市的玩家或非玩家角色[28]（簡稱 NPC）。特別的是，被感染的非玩家角色不會死亡，只會不斷地重生。隨著病毒的迅速擴散，魔獸世界陷入了巨大的混亂。

魔獸世界中的玩家發揮各自的能力，會治療的人替被感染的玩家治療，有些玩家自組民兵隊，把感染降到最低，但也有玩家故意把其他玩家引誘到會感染的地區，或讓確診者和許多人接觸，或把礦泉水謊稱成是病毒治療劑賣給其他玩家。最後，經營《魔

28：Non-Player Character，推動遊戲世界觀與故事的必備人物，是由電腦演算法與人工智能創建的角色。

獸世界》的暴雪公司親自出面解決問題，改掉了哈卡的原始設定，防止再有類似事件發生，整件事終於告一段落。

　　大家看到哈卡病毒事件，有沒有聯想到我們正經歷的新冠疫情呢？為了預防與戰勝病毒，我們應該參考《魔獸世界》，思考社會系統應該如何發展，以及每一名社會成員應該要做出什麼樣的行動。

 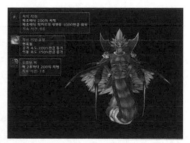

▲《魔獸世界》

元宇宙裡的人工智能「外掛」

　　現代社會中，有很多領域都與人工智能相關，不僅是家裡的家電用品，還有電視裡的藝人也被人工智能取代了。大眾對人工智能的關注與爭議相當激烈，在虛擬世界也是一樣的。所以，我

們先了解人工智能在虛擬世界能發揮哪些作用，再運用到現實世界中會更好。首先，人工智能在虛擬世界發揮的第一個功能是扮演非玩家角色。非玩家角色指的是和玩家們進行溝通的角色，是維持虛擬世界世界觀的必備角色之一，沒什麼人氣且持中立立場。

人們希望人工智能可以變得日常化，未來能與幫忙打掃每戶人家的清掃機器人、照顧老弱者的機器人、準備早餐的機器人一起生活。但真到了那時候，大家會又期待又擔心怎麼與機器人溝

通。不過，虛擬世界中的非玩家角色早已與玩家共存，所以我們在虛擬世界中，算是提前練習了將來與現實世界的人工智能機器人相處的方法。

第二個功能是人工智能管理著整個虛擬世界。在多人同時上線與活動的元宇宙裡，每天都會累積大量的資料與數據，人工智能會進行分析，提前了解大家以後會在元宇宙裡做哪些行為，調整元宇宙的規則。

最後，人工智能在虛擬世界具有外掛功能。外掛是指人工智能在元宇宙中取代人類進行操作。舉例來說，我在元宇宙是以獵人的身分活動，外掛程式會幫忙操縱我的虛擬化身。比起玩遊戲，外掛能在短時間協助我的虛擬化身成長，或是幫忙收集道具，再轉賣給其他玩家。

虛擬世界的人工智能外掛程式存在許多問題，經營外掛程式的企業引發了不少爭議，所以現在大部分的國家都禁止使用外掛程式。舉例來說，企業在幾十台電腦上安裝外掛程式，少少幾個人靠著外掛程式操縱虛擬化身，在元宇宙上收集道具，害玩遊戲的玩家收集不到自己想要的道具。這會造成元宇宙的經營系統與關鍵資源出現問題。有很多人願意花錢購買元宇宙上的道具，道

具卻供不應求，導致通貨膨脹[29]。元宇宙是為了人類而創造的，但元宇宙卻逐漸被人工智能外掛程式支配，主人公不再是人類。而且最終控制外掛程式的人可能是貪婪、自私的人。所以，在我們加快人工智能技術開發與商業化之前，我們應該重新思考人工智能會在元宇宙中引發哪些問題。

29：指的是一般物品的價格持續上漲，一樣的錢能買的物品變得更少。

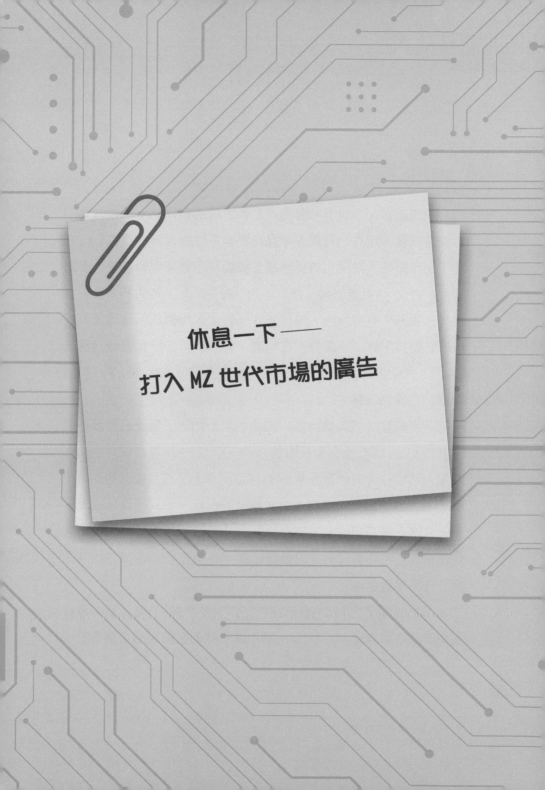

休息一下——
打入 MZ 世代市場的廣告

一般而言，全世界知名的產品都會藉由模特兒、廣告或商店打廣告宣傳，現在也有國際精品品牌進軍虛擬世界。從二〇一九年下半年開始，法國名牌路易威登和銳玩遊戲經營的遊戲《英雄聯盟》合作。《英雄聯盟》是以稱為「符文大地」的世界為背景，約有一百五十多種角色，包括刺客、戰士、坦克與魔法師等等，玩家之間展開戰鬥的遊戲。在韓國，有很多青少年都會玩《英雄聯盟》，在全世界各種電競大賽中，有最多觀眾的比賽就是《英雄聯盟》世界錦標賽。

路易威登在《英雄聯盟》的角色設計加入了自家品牌圖案，設計出 LV × LOL 系列直接販售。玩家在遊戲中可以改變角色外表或加入路易威登的代表圖案，彷彿自己穿上了路易威登的衣服一樣，替自己的遊戲角色穿上路易威登的衣服。不只是路易威登，英國名牌巴寶莉也推出了特別的衝浪遊戲《B Surf》，裡面的衝浪服與衝浪板都免費提供了巴寶莉圖案。也就是說，國際名牌服飾業也陷入了遊戲中。

行銷代理公司 PMX 表示在二〇二五年前超過 45% 購買世界名牌的顧客將會是 MZ 世代。關注這一點的名牌服裝企業希望享

受元宇宙的 MZ 世代，在現實世界中也會穿著自家品牌。為了向他們宣傳產品，與其在現實世界中打廣告，企業主選擇進入他們主要停留的遊戲空間元宇宙裡，迅速採取應對措施。

06

對大家一起 生活的**元宇宙**， 我們應有的態度

元宇宙與現實世界是互相模仿的關係

　　十八世紀法國啟蒙思想家伏爾泰說過：「獨創性不過是深思熟慮後的模仿。」也就是說，我們認為很有創意的發明都是從模仿開始的。據說美國萊特兄弟製造人類第一架飛機的靈感來自於翱翔天際的老鷹。還有，蒼蠅與蜻蜓的眼睛是複眼結構，因為是一

層又一層的，所以視野很寬，就算很遠的距離也能看得一清二楚，相機的超廣角鏡頭就是模仿蒼蠅的複眼結構製造的。在狹小的房間裡拍團體照，常會使用提供廣闊視野的廣角鏡頭，很多綜藝節目也會使用這種鏡頭。

畫家會模仿自然風景畫畫，音樂家會模仿自然的聲音創作歌曲，元宇宙也是一個巨大的模仿空間，是我們透過模仿，重現現實世界的行動與溝通方式的遊戲空間。模仿想像中的故事的擴增實境元宇宙、模仿現實世界寫日記的生命記錄元宇宙、模仿現實世界提供新的遊戲文化與服務的鏡像世界元宇宙。當然元宇宙和現實世界的情況非常像，但重現想像的虛擬世界絕對是模仿的產物。

元宇宙與現實世界之間又是什麼關係呢？難道有了元宇宙，我們就該把現實世界拋在腦後嗎？還是說，因為我們有現實世界，元宇宙只會是一時的流行，很快就會消失呢？諷刺的是，元宇宙可以讓現實世界變得更穩固，卻也會造成現實世界的威脅。舉例來說，因為新冠疫情的關係，學生們不去學校上課，改用遠距教學。見不了面的朋友會透過社群媒體聯絡。中小企業商人面臨的情況是，雖然客人無法光顧實體店面，不過利用外送應用程式，還是能增加營業額。

可是，就算元宇宙能讓現實世界中的關係或情況更穩固，元宇宙依然無法完全替代現實。如果我們只透過遠距教學上課或只透過社群媒體交友，我們就會錯過很多現實世界的體驗。再說，智慧型手機裡的元宇宙是不具實體的，全都是基於現實打造的，所以如果沒有現實世界，元宇宙也不會存在，對吧？因為就像人失去靈魂就活不下去一樣，元宇宙終究是模仿現實世界的世界。

補償比處罰更重要

元宇宙的補償與現實世界的補償天差地遠。在現實世界中，懲罰比讚美重要，大家只要服裝不整，馬上就會被班導罵；遵守交通規則也不會得到補償，一旦違反就會被罰錢。

可是在元宇宙中，很少會用減法（罰款、處罰或指責），大多是用加法（獎金、升級或恭喜）。元宇宙愛加法勝過減法，用加法鼓勵大家進行探險、交流和取得成就，這也是為什麼大家在元宇宙過得比在現實世界開心。在現實世界中，考試考砸的話就會很挫折或受到責罵，但在元宇宙中就算失敗了，也不會受到懲罰。在《機器磚塊》裡蓋房子就算蓋壞了，重蓋就好，沒什麼大不了。

還有，在足球網路遊戲中，就算我所屬的隊伍輸掉了也不會釀成大問題，因為可以重玩，玩到贏為止。在元宇宙裡，失敗的經驗不見得只帶來挫折與絕望，反而會成為下次挑戰的力量。

希望現實世界也能仿效元宇宙這種模式，透過讚美與鼓勵幫助人們從失敗中重新站起來，而不是處罰。如果能這樣的話，現實世界與元宇宙都會成為激發新的挑戰動力的世界。

像是我的，又不是我的，又像屬於我的東西

　　大部分的元宇宙都是數位化的，在裡面的資訊與項目都是用數位的方式記錄與保管，那麼元宇宙中的資料歸誰所有呢？因為是我創造的，在上面活動的人是我，所以是我的？還是創造了元宇宙，替我們準備各種裝置的企業的呢？先說結論吧，元宇宙中的資料不屬於我們所有。

　　我把自己拍的照片或寫的文章上傳 IG 或 FB 等社群媒體的那一刻，那些資料就歸經營該平台的企業所有了，我只能修改或刪除文字、照片。但就算我刪除文章或徹底刪除帳號，我也無法刪除企業的備份檔案或其他使用者分享的資料。所以，藝人或名人就算後悔之前上傳過 FB 文章，把它刪除了，那些文章依然留在各大平台上，變成一種問題。

　　那麼虛擬世界元宇宙中的遊戲又怎樣呢？我們在玩遊戲的過程中，可以培養角色，也可以買各種道具，像是刀、槍或飾品，但那些遊戲道具就完完全全屬於我了嗎？不，那些道具的所有權是歸公司的，不是我。其實，遊戲公司只有製作權，而沒有完全的所有權，玩家花錢只是買下那些道具的使用權。如果花了錢買

遊戲道具，玩家就有道具的所有權，會造成很複雜的問題。問題之一就是，當遊戲公司把原本的道具升級或換成別種道具時，就無法隨便更改玩家擁有的道具，得一一徵求每個玩家的同意。比方說，我買了一個星星飾品，遊戲公司想把外型改成月亮形狀，因為飾品歸我所有，遊戲公司就得先徵求我的同意。

另一個問題是不能終止遊戲。遊戲公司如果想結束經營那個遊戲，就必須花錢買回玩家購買的道具，不能隨便銷毀別人的財產。目前很少有元宇宙世界把資料或數位資產視為個人所有，等到未來越來越多的元宇宙出現，能應用在更廣闊的領域，包括工作、學習或日常活動，似乎也有些地方是得承認個人所有權的，到了那時，元宇宙才能有新的發展。

NPC，人工智能有人權嗎？

史蒂芬‧史匹伯導演的電影《人工智能》中，出現了人們抓住機器人，把他們關起來，並一一殺死的殘忍畫面。雖說是機器人，但人類對長得跟自己一模一樣的機器人做出這種暴力行為，就算是電影，還是讓人很不舒服。

聽說在虛擬世界元宇宙的遊戲上，有玩家偷汽車，任意射殺非玩家角色。在虛擬世界中要怎麼與像是真實人類一樣的非玩家角色或人工智能機器人打交道，是我們日後的課題。如果大家只享受新的遊戲空間帶來的探險、溝通方式還有成就，甚至進行暴力或破懷行為，卻不願意負起任何責任，那麼未來有可能真的發生電影中人類對機器人做的那些事。

不知道年紀、性別跟名字

　　大家的名字是誰取的？大多是父母或祖父母替我們取的吧。無論是在家裡或在學校和朋友玩，還是加入網站的時候，我們都會用到名字。可是，有一個空間不用名字；準確來說，是不必使用本名，可以自己取名，那就是元宇宙。在元宇宙中使用的是網名，所以具有匿名性。我們的年齡、長相、職業和本名不會被人知道。

　　全世界之所以掀起元宇宙狂熱的原因之一是，隨著環境的改變，人們渴望擺脫黑暗的現實世界，嚮往另一個自由世界。在這個自由的世界裡，匿名具有強大的力量。當大家知道對方不認識

自己的時候，會怎麼想呢？覺得不安嗎？還是覺得自由？可能後者居多吧！當沒人知道我的真實身分，我可以毫無偏見地對待每個人，不會在意誰長得比我好看、誰的成績比我棒、誰賺的錢比我多、誰的口才比我流暢，在元宇宙人與人之間很容易發展友誼。

如果你的爸爸或媽媽想跟你溝通，跑進鏡像世界元宇宙平台ZEPETO 對你的線上分身說「我是某某某，四十歲」，你會有什麼反應呢？聊天室的人大概會變得很安靜，接二連三地退出聊天室吧。這可以看出在小學生居多的元宇宙裡，小學生玩家面對年長者的困惑，還有不想被人知道真實姓名和年紀的心理。像這樣，在元宇宙中不需要知道你是誰、幾歲、是男是女，只要聊得來，大家就能當朋友。在元宇宙中可以隨時敞開心房，與人交流。

MZ 世代常用的新語詞之一是 「whoriend」，是 who 加上friend 的意思。MZ 世代交朋友時不會詢問或計較對方的年紀、性別或國籍等，就像我們常看到歐洲年輕人與上了年紀的人像朋友一樣毫無顧忌地互喊名字。元宇宙沒有年齡與性別的偏見，只要聊得來，大家都可以當朋友。不過，元宇宙也可能有壞人，所以大家要小心，如果發現有人有點奇怪，或者是不知道對方是好人還是壞人時，就應該向身邊的大人求助。

小貓	來！現在出發吧~~
某某	大家好，我是某某某，四十歲
少女	天啊
小學生	我要退出了
皮卡	……
砰呀	再見

爆發的攻擊性

元宇宙以匿名性為基礎，不會分享個資，大家單純交換資訊，所以不覺得得替自己的行為負責。還有在現實世界中，我們會使用視覺、聽覺、嗅覺、味覺與觸覺，但在元宇宙中只會使用五感中的一部分，導致理解對方的幅度變窄。

另外，在現實世界中，無論是攻擊人的人或被攻擊的人，都會有強烈的恐懼感，但如果有人在元宇宙裡欺負人，他的恐懼感會比較小，躲在匿名性背後會讓人覺得自己是安全的，不僅如此，這種人還會把在現實世界中感受到的恐懼當成一種樂趣。因為是在網路空間見面，不用公開自己的真實身分，所以人們到了元宇宙後，攻擊性會變強。網路世界比現實世界更暴力，也更缺乏罪惡感。

既然如此，我們應該要放任這些人的攻擊性不管嗎？我們需要制度，也就是說，元宇宙保持人們匿名的同時，也必須對匿名性負責。如果有人從虛擬世界開始攻擊，最終導致現實世界的犯罪，那個人當然得受罰，但因為我們很難用現實世界的規矩去限制元宇宙中的事。正因如此，我們更應該要互相照顧，養成同

理心。

　　希望元宇宙不要變成大家釋放被壓抑的慾望的工具，而是一起健康並安全玩樂的世界。就像現實世界一樣，元宇宙中的善良與邪惡、和平與紛爭、分享與獨佔往往是共存的。我們都得記住，在現實世界與元宇宙中，我們都有責任與權利決定什麼是最重要的。

溫暖的土地，元宇宙

　　如果只看前面的內容，大家可能會以為元宇宙是個可怕又野蠻的空間吧，但就像所有的事都有陰暗面與光明面一樣，元宇宙世界不是只有攻擊性。比方說，在《寶可夢 GO》遊戲裡，有很多玩家用奇蹟交換系統互相交換寶可夢，換掉自己不需要或人氣低的寶可夢，但某位玩家提出意外的建議——在聖誕節送寶可夢給新手玩家。參加活動的人並不知道彼此是誰，但一想到新手玩家收到高等級的寶可夢會有多高興，送禮的人就很開心，收禮的人當然也非常感動。

　　另一個例子是，某位韓國小學生 YouTuber 想把韓國的文化

遺產介紹給外國人。他在尋找方法的過程中發現了《機器磚塊》，

利用 Google 翻譯和 PAPAGO 翻譯[30]向歐洲的朋友學習使用方法

後，著手在 YouTube 上建立韓國書院，結果有外國小朋友對陌生

又奇特的書院感到好奇。這名小學生便向外國小朋友介紹了韓國

30：韓國 NAVER 推出的機器翻譯服務。

的建築物，利用《機器磚塊》元宇宙，實現了向全世界同齡孩子介紹韓國文化遺產的目標。值得注意的是，這位小學生並沒有獲得公共教育或其他教育機構的幫助，而是與全世界的同齡孩子們合作，實踐目標。

就像現實世界一樣，喜悅與痛苦、希望與絕望、合作與雜亂總是共存元宇宙中。如何達成兩者之間的協調，創造出更多的東西，決定權在我們手上的同時，我們也須負起責任。

元宇宙的大手

為了使元宇宙存在，必須要有各種裝置，像是能向其他電腦提供服務的伺服器、儲存龐大資料的裝置、能傳送數據的網路。以現實世界比喻的話，這些是像道路、電力、水與通信等。在許多企業都進入元宇宙的情況下，企業為了經營生命記錄元宇宙、鏡像世界元宇宙、虛擬世界元宇宙等，迫切需要龐大容量的儲存裝置、處理速度快且穩定的伺服器，還有穩定的網路。亞馬遜就是以出借這些裝置而出名的企業。

亞馬遜是美國的大企業，經營網購平台、實體賣場、亞馬遜

Prime[31]、亞馬遜網路服務等不同領域。Netflix[32]、Meta（前身是FB）等跨國企業都租借了亞馬遜的雲端運算服務(AWS)。換句話說，Netflix 透過亞馬遜 AWS，提供電影或影集的媒體服務給全球超過 1.6 億的用戶。除了亞馬遜，也有不少公司推動元宇宙的發展，像是微軟、Meta、Google 與多家遊戲公司。

微軟發揮連結元宇宙的作用，預計未來的用途會變得更多元。商業用途的社群媒體 LinkedIn[33]是生命記錄元宇宙，《當個創世神》將成為擴張鏡像世界的重要平台。

FB 的重點放在透過智慧型手機與電腦，提供使用者社群媒體服務，但最近它正慢慢擴張到元宇宙領域。二〇一四年，FB 收購了製造虛擬實境裝備的公司 Oculus VR，也宣布會進一步投資擴增實境與虛擬世界的計畫。另外，FB 公開了名為「無限辦公室」的未來型辦公室。新冠疫情發生之後，在家辦公成了日常，FB 把企業辦公室搬到虛擬世界中，員工在元宇宙上下班，處理所有工作。從 FB 驚人的使用者人數來看，FB 不再只是以智慧型手機與

31：付費訂閱制，會員享有快速配送、觀看影片等專屬服務。

32：付費訂閱制的網路影片供應平台。

33：職場人士建立人脈的平台，可上傳履歷找工作。

電腦為中心的社群軟體，正在打造以擴增實境與虛擬世界為中心的全新元宇宙。二〇二一年七月，FB 執行長馬克・祖克柏宣布未來五年內會把 FB 從社群媒體企業，轉型成元宇宙企業，並且把 FB 改名為 Meta。

Google 則是擁有強大的地圖資訊資產，足以精密地複製現實世界。它以地圖資訊為基礎，試圖藉由 Google 助理、Nest、Fitbit[34]等，把人們的日常生活、居家環境與 Google 系統，透過鏡像世界加以連結。

遊戲公司也值得我們關注。它們是與元宇宙一起成長的企業。在元宇宙中，遊戲公司擁有的視覺化技術，對呈現逼真的擴增實境視覺效果，有很重要的作用。元宇宙的價值會根據逼真程度而不同。

34：Nest、Fitbit 是 Google 旗下的智慧型產品系列，可使用 Google 助理 (Assistant) 程式來操控管理。

元宇宙也是我們生活的世界

　　有人的地方就有法律與規則，要是沒有法律和規則，世界會變得怎樣呢？因為大家的想法都不一樣，會堅持自己想的才是對的、是重要的，這麼一來，天下就會大亂，世界末日將會到來。像是現實世界一樣，在能交朋友、進行各種交流的元宇宙也常常發生類似的事，而且在元宇宙中，不知道真名、長相、年紀與性別的人之間都能當朋友、互相溝通，所以很多時候，元宇宙會比現實世界發生更多沒有道德責任感的錯誤。因此，我們需要靠法律與規則提前預防。

　　元宇宙給出的最強懲罰是「封鎖」。封鎖就是刪除使用者的帳號，讓使用者再也回不來。會被封鎖帳號代表那個人在元宇宙中惹出了大麻煩。比方說，在生命記錄元宇宙的社群媒體上傳了過於裸露的照片，或是在鏡像世界元宇宙的外送平台留下大量留言，又或是在虛擬世界元宇宙中的遊戲開外掛等。

　　若在現實世界中被封鎖，意味著我這個人從這個世界蒸發了，就像被關進沒人認識我、而且永遠出不來的監獄。但在元宇宙不

一樣，很多人會利用新的身分重新加入；就算被封鎖了，還是可以註冊新帳號，重複犯罪行為。就像現實世界中有不守法的人，元宇宙世界也有不守法的人。在已經形成一個世界的元宇宙中，每個使用者都應該尊重元宇宙的世界觀，努力與其他使用者和睦相處。

元宇宙以多樣面貌出現，而且時時刻刻在改變，我們很難預測元宇宙會發生哪些問題，就算制定了特定的規則或條款，也很難防範新的問題出現。所以，為了守護元宇宙，我們必須自己創造秩序，並許下會遵守秩序的承諾。

真實元宇宙是現實世界的擴張版！

我們到目前為止已經了解了元宇宙的特性與種類，包括以現實世界為基礎，增添幻想與便利性的擴增實境元宇宙；把我的生活與他人分享，互相安慰，展開新挑戰的生命記錄元宇宙；以現實世界為基礎，擴張各種資訊的鏡像世界元宇宙；還有最難區分現實世界與虛擬世界的虛擬世界元宇宙。因類型各不相同，有些人會認為元宇宙是賺錢的平台，有些人會認為元宇宙是單純享受

的新型遊樂場。元宇宙會不斷地進步，將來它的技術進步速度有可能超越現在的速度。

多虧技術日新月異，我們將來會像科幻電影中一樣，只要戴上 VR 眼鏡，就算沒有吃東西也能感覺到味道，就算沒有真的颳起風，我們也能感受到涼風的吹拂感。雖然現在還沒有出現真正意義上的元宇宙技術，不過我們很快就會迎來真正的元宇宙世界，每個使用者在那裡可以體驗虛擬化身的感受。雖然現在我們擁有的技術只能讓使用者體驗虛擬世界的視覺與聽覺，但現在許多人正在持續進行實驗與挑戰，希望讓使用者也能感受觸覺、味覺與嗅覺，開發出完整的五官感受體驗技術。

元宇宙再怎麼精巧，能認識再多的人，是多有趣的遊樂場，它終究無法取代現實世界。我們不應該認為元宇宙是要取代現實世界，而要用它是現實世界的延伸去理解。即使我們在元宇宙中和不知道真名、長相與年齡的人見面，玩逼真度十足的遊戲，我們都不能把元宇宙當成擺脫現實世界的擔憂與不安的方法。但如果你只是想讓頭腦冷靜一下，充電再出發，那就沒關係。

現實世界中有許多元宇宙無法交換到的有價值事物，包括父母與朋友的愛、決定未來的行動、與龐大的未來對抗的自我價值

觀，這些都是在現實世界的人際往來之間形成的，要是大家想成為即將到來，不，是已經到來的數位地球與元宇宙環境中的主人，好好享受它的話，就該了解什麼才是現實世界中最重要的事，與一起生活的人樹立共同價值觀。我期待大家都能正確地思考與使用他人所創造的技術，並傳播到世界各處，發揮好的影響力。

國家圖書館出版品預行編目資料

我的第一本元宇宙指南／金相均,吳丁錫著;黃莞婷
譯.——初版一刷.——臺北市: 三民,2023
　　　面;　　公分.——（科學童萌）
　　譯自: 김상균 교수의 메타버스
　　ISBN 978-957-14-7588-2　（平裝）
　　1. 虛擬實境 2. 數位科技

312.8　　　　　　　　　　　　　　111020612

我的第一本元宇宙指南

作　　　者	金相均　吳丁錫
繪　　　者	趙丙玉
譯　　　者	黃莞婷
責任編輯	許媁筑
美術編輯	張長蓉

發 行 人	劉振強
出 版 者	三民書局股份有限公司
地　　址	臺北市復興北路 386 號 (復北門市)
	臺北市重慶南路一段 61 號 (重南門市)
電　　話	(02)25006600
網　　址	三民網路書店 https://www.sanmin.com.tw

出版日期	初版一刷 2023 年 3 月
書籍編號	S300410
I S B N	978-957-14-7588-2

김상균 교수의 메타버스—어린이를 위한 디지털 지구
Text © 김상균（Sangkyun Kim, 金相均）, 오정석（Jung-seok Oh, 吳丁錫）, 2021
Illustration © 조경옥（Cho, Kyungok, 趙丙玉）, 2021
All rights reserved.
Traditional Chinese Copyright © 2023 by San Min Book Co., Ltd.
The Traditional Chinese translation is published by arrangement with EAST-ASIA
Publishing Co., Korea through Rightol Media and LEE's Literary Agency.
本書中文繁體版權經由銳拓傳媒旗下小銳取得 (copyright@rightol.com)。

三民書局